Nikon D600
DAS BUCH ZUR KAMERA

IMPRESSUM

Alle Rechte, auch die der Übersetzung vorbehalten. Kein Teil des Werkes darf in irgendeiner Form (Druck, Fotokopie, Mikrofilm, elektronische Medien oder einem anderen Verfahren) ohne schriftliche Genehmigung des Verlages reproduziert oder unter Verwendung elektronischer Systeme verarbeitet, vervielfältigt oder verbreitet werden. Der Verlag übernimmt keine Gewähr für die Funktion einzelner Programme oder von Teilen derselben. Insbesondere übernimmt er keinerlei Haftung für eventuelle aus dem Gebrauch resultierende Folgeschäden.

Die Wiedergabe von Gebrauchsnamen, Handelsnamen, Warenbezeichnungen usw. in diesem Werk berechtigt auch ohne besondere Kennzeichnung nicht zu der Annahme, dass solche Namen im Sinne der Warenzeichen- und Markenschutzgesetzgebung als frei zu betrachten wären und daher von jedermann benutzt werden dürften.

ISBN 978-3-941761-32-2

Dezember 2012

Bildnachweis:
Alle Bilder, wenn nicht anders vermerkt, vom Autor; Produktfotos und grafische Darstellungen vom Autor oder Nikon GmbH Deutschland. Bilder von anderen Bildautoren sind gesondert gekennzeichnet.

© 2012 by Point of Sale Verlag
Gerfried Urban
D-82065 Baierbrunn
Printed in EU

BENNO HESSLER

Nikon D600
DAS BUCH ZUR KAMERA

Inhalt

	Vorwort	8
10	**Die D600 im Detail**	
	Kameratechnik vom Feinsten	16
	Vollformat. Vollformat?	18
	„Crop-Faktor" und „Brennweitenverlängerung"	19
	24 Megapixel: Das sollten Sie bedenken	20
	Zusatzinvestitionen besser gleich mit einplanen	22
	Ziemlich scharf oder richtig scharf?	23
	Sehr hohe Ausschnittreserven	25
	Viele Pixel, hohes Bildrauschen. Oder?	26
	Schnell genug für gute Action-Fotos	31
	Zwei Bildfelder – eine Kamera	32
35	**Objektivratgeber**	
	Klasse statt Masse	36
	Die Grundausstattung	37
	Mehr Weitwinkel-Bereich	40
	Mehr Tele-Bereich	42
	Makro-Objektive	44
	Reisezoom	46
	Festbrennweiten	47
	Fisheye	49
50	**Mein Zubehör**	
	Mein Zubehör zur D600	52
59	**Die ersten Fotos schießen**	
	Die ersten Fotos schießen	60
	Vollautomatik	60
	Vollautomatik (Blitz aus)	61
	Die Scene-Programme	61
	Porträt	62
	Landschaft	62
	Kinder	63
	Sport	64
	Nachtporträt / Nahaufnahme (Makro)	64
	Nachtaufnahme	66
	Innenaufnahme	67
	Strand / Schnee	68
	Sonnenuntergang	68
	Dämmerung	70
	Tiere	70
	Kerzenlicht	71
	Blüten	71

	Herbstfarben	71
	Food	72
	Silhouette	72
	Low Key / High Key	73
	Legen Sie das Buch nun bitte beiseite	73
74	**Die klassischen Aufnahmemodi**	
	Programmautomatik (P)	76
	Zeitvorwahl oder Blendenautomatik (S)	77
	Blendenvorwahl oder Zeitautomatik (A)	78
	Trauen Sie sich ruhig…	79
	Etwas Hilfe gibt's dennoch bei den klassischen Modi	80
	Manueller Modus (M)	81
	Manuell experimentieren leicht(er) gemacht	82
84	**Hauptmenü**	
	Die Systemeinstellungen	87
	Die Individualfunktionen	97
	a Autofokus	97
	b Belichtung	101
	c Timer / Belichtungsspeicher	103
	d Aufnahme & Anzeigen	104
	e Belichtungsreihen und Blitz	110
	f Bedienelemente	112
	Aufnahme	120
	RAW-Kompression: Mein Fazit	123
	Raw oder JPEG – die alte Streitfrage	126
	Das Beste aus zwei Welten	128
	Wiedergabe	146
	Benutzerdefiniertes Menü	150
	Bildbearbeitung	151
157	**Live View & Video**	
	Fotografieren mit Live View	158
	Die Besonderheiten des Live View Autofokus	162
	Filmen mit der D600	163
	Empfehlenswertes Videozubehör	164
	Das Videomenü	167
	Praktische Tipps für Videofilme mit der D600	170
	Fokussieren Sie richtig	170
	Vergessen Sie das Zoomen	171
	Nutzen Sie den Wechselobjektiv-Trumpf	171
	Öffnen Sie die Blende	172
	Filmen Sie mit manueller Belichtungssteuerung	172

Inhalt

	Denken Sie über die Auflösung nach	173
174	**Die D600 drahtlos fernsteuern**	
	Drahtlose Fernsteuerung mit Handy oder Tablet	176
	Was Sie unbedingt beachten sollten	177
	Die Vorbereitungen	177
	Die Fernsteuerung in der Praxis	181
	Unterschiede zwischen Android und iOS	184
	Apple iOS	185
	Google Android	186
189	**Richtig Fokussieren**	
	Die Autofokus-Betriebsarten	191
	Einzelautofokus (AF-S)	191
	Kontinuierlicher Autofokus (AF-C)	191
	Autofokus-Automatik (AF-A)	192
	Manuelle Fokussierung (MF)	192
	Die Autofokus-Messfeldarten	193
	Anzahl und Auswahl der Fokuspunkte	193
	Einzelfeld-Messfeldsteuerung	193
	Dynamische Messfeldsteuerung mit 9 / 21 / 39 Messfeldern	193
	3D Tracking	195
	Automatische Messfeldsteuerung	195
	Einschränkungen bei der Messfeldsteuerung	195
	Einige einfache Fokusregeln für die D600	196
	Nur beim Fotografieren mit dem Sucher	196
	Nur beim Fotografieren mit Live View	196
	Der Trick für schnelle Motive	197
	Das ultimative Fokus-Setup	199
200	**Richtig Belichten**	
	Belichtungsmessmethoden	203
	Matrixmessung	204
	Mittenbetonte Messung	206
	Spotmessung	207
	Der Belichtungsmessung unter die Arme greifen	208
	Die Belichtung penibel kontrollieren	209
	Manuell belichten	210
	Belichtungsreihen (Bracketing)	212
215	**Richtig Blitzen**	
	Der eingebaute Blitz der D600	216
	CLS, iTTL, iTTL-BL, FP – wie bitte	219
	Die zweigeteilte Herrschaft über das Licht	220

	Die zweigeteilte Herrschaft- jetzt friedlich vereint	222
	Blitzbelichtungsmessung nur in der Bildmitte	223
	Blitzbelichtungskorrektur ist die Regel	225
	Focal Plane Synchronisation (FP)	226
	Weitere Blitzmodi der D600	228
	Reduzierung des Rote-Augen-Effekts	228
	Slow	229
	Slow plus Reduzierung des Rote-Augen-Effekts	229
	Rear	229
231	**Optimaler Weißabgleich**	
	Beispiel eins: Schwierige Lichtsituationen	232
	Beispiel zwei: Lichtstimmungen bewusst erzeugen	233
	Beispiel drei: Fotoserien	234
	Die festen Weißabgleichseinstellungen	235
	Der Trick für schwierige Fälle	238
241	**Picture Control**	
	Standard	242
	Neutral	243
	Brillant	243
	Monochrom	244
	Porträt	245
	Landschaft	245
	Konfigurationen vergleichen	246
	Konfigurationen individuell anpassen	246
	Sonderfall Monochrom	247
249	**Software**	
	Die Software ViewNX 2	250
	Der Datentransfer	250
	Der Foto-Browser	251
	Die Bildbearbeitung	252
	Das GPS-Modul	253
	Der Movie Editor	254
	Meine Meinung zum Software-Paket	255
	Die bezahlbare Alternative	256
	Adobe Photoshop Elements 11	256
	Der Bild-Organizer	256
	Das Bearbeitungsprogramm	256
	Erstellen und Weitergeben	257
	Adobe Premiere Elements 11	257
	Spar Tipp	257
258	**Index**	

Vorwort

Liebe Leser,

mit der D600 ist Nikon ein echter Überraschungscoup gelungen, wie ich meine. Erstmals in der (digitalen Spiegelreflex-) Geschichte ist eine Kamera mit Kleinbild-Sensor, gemeinhin „Vollformat" genannt, vom Hersteller ausdrücklich im Consumer-Bereich positioniert. Damit holt die D600 den Vollformat-Sensor aus dem Olymp der professionellen und semiprofessionellen Kameras und öffnet gleichzeitig dem Amateur eine ganz neue Welt. Ich bin über diese Entwicklung sehr erfreut; eine Vollformat-Spiegelreflex stellt für mich die Königsklasse der Digitalkameras dar.

Natürlich gibt es von Nikon wie auch von einigen anderen Herstellern schon seit einer ganze Weile Vollformat-DSLRs, die auch für den Nicht-Profi sehr interessant sein können; ein aktuelles Beispiel ist die D800, die seit März 2012 auf dem Markt ist. Doch längst nicht jeder Amateur kann oder will rund 3.000 Euro – je nach Kameramodell auch deutlich mehr – für ein „nacktes" DSLR-Gehäuse hinblättern, und sei es auch noch so gut.

Auch der günstigere Preis von rund 2.000 Euro, den man für das Gehäuse der D600 berappen muss, wird wohl nur von wenigen Amateuren eben mal so aus der Portokasse finanziert. Zumal es meist nicht bei diesem Betrag bleibt, denn man braucht ja noch Objektive und Zubehör, und das kann ganz schön ins Geld gehen. Doch nach mehreren Wochen intensiver Benutzung und mehr als 4.500 geschossenen Fotos komme ich zu dem eindeutigen Schluss: Die Nikon D600 ist jeden einzelnen Cent wert.

In einem (für eine Vollformat-Kamera) überraschend kleinen und leichten Gehäuse, das man mit etwas Betrachtungsabstand mit dem der Nikon D7000 verwechseln könnte, steckt nicht nur ein neu entwickelter Kleinbild-Sensor mit satten 24 Megapixel Auflösung, sondern darüber hinaus auch jede Menge an feinster Technik. Technik, die die D600 einerseits (in modifizierter Form) tatsächlich von der D7000 übernommen hat. Auf der anderen Seite finden sich in der D600 erstaunlich viele Highlights der großen Schwester D800 wieder – Nikon hat sich wahrlich nicht knauserig gezeigt.

Vorwort

Dieses Buch soll Ihnen dabei helfen, die D600 gründlich zu erforschen und kennenzulernen, um sie in absehbarer Zeit sicher zu beherrschen. Nach einigen grundsätzlichen Informationen über die Kamera selbst und die Technik, die unter ihrem Kleid steckt, möchte ich Sie auf einige Besonderheiten einer Vollformat-Kamera hinweisen und Ihnen einen Überblick über empfehlenswerte Objektive und wirklich nützliches Kamera-Zubehör liefern. Danach geht's schon los mit den ersten Fotos – „learning by doing" heisst der Zauberspruch, dessen Magie von den vielen Scene-Programmen der D600 wirkungsvoll unterstützt wird. Selbstverständlich widmen wir uns aber auch den klassischen Aufnahmemodi.

Ausführlich besprochen wird das Kameramenü, um die für Sie optimalen Voreinstellungen schnell und sicher herauszufiltern. Live View und Video dürfen natürlich auch nicht fehlen, denn beide Betriebsarten sind wertvolle Bestandteile des D600-Gesamtkonzepts, und beide haben so einige Überraschungen zu bieten. Zur interessanten und innovativen Option, die D600 mit einem Smartphone fernsteuern zu können, habe ich ebenfalls ein Kapitel vorbereitet. Der ausgiebige Praxisteil des Buches beschäftigt sich damit, wie Sie mit der D600 richtig fokussieren, richtig belichten und richtig blitzen, wie Sie den Weißabgleich möglichst treffsicher einstellen, und mit welcher Software sich die Fotos der Nikon optimal katalogisieren, aufbereiten und bearbeiten lassen.

Bei all meinen Ausführungen lege ich großen Wert darauf, dass Sie meine Ratschläge und Tipps, dieses oder jenes auf die eine oder die andere Art und Weise zu handhaben oder einzustellen, stets nur als Vorschlag betrachten sollten, der sich aufgrund meiner Praxiserfahrung mit der Kamera als empfehlenswert erwiesen hat. Es handelt sich also in keinem Fall um eine starre „so und nicht anders"-Vorlage, sondern um eine Ausgangsbasis für Ihre ganz persönlichen Einstellungen und Arbeitsweisen.

Ich wünsche Ihnen viel Spaß beim Fotografieren!

Ihr Benno Hessler

Die D600 im Detail

▶ ISO 400, 40mm, f/8, 1/250s
▷ AF-S Nikkor 24-70mm 1:2.8G ED

Die D600 im Detail

① Ausklappbarer Blitz
② Taste für Blitzaktivierung, Blitzmodus, Blitzbelichtungskorrektur
③ Taste für Belichtungsreihen
④ Markierung für Objektivmontage
⑤ Vorderer Infrarotsensor
⑥ Mikrofon
⑦ Objektiventriegelung
⑧ Fokuswahlschalter
⑨ Taste für Autofokusmodus

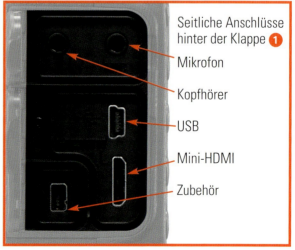

Seitliche Anschlüsse hinter der Klappe ❶
- Mikrofon
- Kopfhörer
- USB
- Mini-HDMI
- Zubehör

Die D600 im Detail

① Vorderes Einstellrad
② Autofokus-Hilfslicht; Selbstauslöser-Kontrollleuchte, Licht zur Vermeidung des Rote-Augen-Effekts
③ Abblendtaste
④ Funktionstaste

SD-Kartenschächte hinter der Klappe ❶

Doppelter Kartenschacht für SD-, SDHC- und SDXC-Speicherkarten

Die D600 im Detail

① ISO-Taste; Bildansicht verkleinern
② Bildqualitäts-Taste; Bildansicht vergrößern
③ Weißabgleichstaste; Bilder schützen
④ Picture Control-Taste; Bildbearbeitung
⑤ Menü-Taste
⑥ Wiedergabe-Taste
⑦ Löschtaste; Formatierungstaste 1
⑧ Dioptrieneinstellung des Suchers
⑨ AE-L / AF-L-Taste
⑩ Hinteres Einstellrad
⑪ Multifunktionswähler
⑫ Bestätigungstaste (OK)
⑬ Messfeld-Sperrschalter
⑭ Live View-Aktivierungstaste
⑮ Umschalter zwischen Live View Foto und Live View Video
⑯ Rückseitiger Infrarotsensor
⑰ Kontrollleuchte für Speicherkartenaktivität
⑱ Lautsprecher
⑲ Informationstaste
⑳ Umgebungssensor zur automatischen Helligkeitssteuerung des Farbdisplays

Die D600 im Detail

① Belichtungsmessmethode-Taste; Formatierungstaste 2
② Auslöser für Videoaufnahmen
③ Ein- / Ausschalter
④ Auslöser
⑤ Belichtungskorrektur-Taste
⑥ Markierung der Sensorebene
⑦ Oberes Informationsdisplay
⑧ Blitzschuh
⑨ Entriegelungsknopf der Belichtungssteuerung
⑩ Multifunktionsblock mit zwei Ebenen
⑪ Entriegelungsknopf der Aufnahmebetriebsart

Multifunktionsblock obere Ebene: Wahl der Belichtungssteuerung

Multifunktionsblock untere Ebene: Wahl der Aufnahmebetriebsart

Die D600 im Detail

Kameratechnik vom Feinsten

Dass die D600 sehr hochwertig verarbeitet ist, haben Sie bestimmt schon selbst feststellen können. Da wackelt und klappert nichts, die Tasten haben einen perfekt definierten Druckpunkt, Wahlräder und Schalter besitzen genau das richtige Maß zwischen leichtgängig und schwergängig. Besser kann man eine Spiegelreflex kaum bauen. Das sollte man für rund 2.000 Euro aber auch erwarten können.

Der äußere Eindruck setzt sich erfreulicherweise auch im Inneren der Kamera fort. Hier findet sich hochwertige, aktuelle Technik vom Feinsten, die die großartigen Leistungen der D600 möglich macht. Normalerweise bleiben Ihnen diese Schmankerl verborgen. Das ist ja auch gut so, denn Sie sollen und wollen unbeschwert fotografieren, aber kein Diplom in Kameratechnik ablegen (müssen). Meiner Meinung nach ist es aber recht interessant, einmal einen Blick unter das schmucke Kleid der D600 zu werfen, um die hauptverantwortlichen Leistungsträger näher kennenzulernen. Nachfolgend die Technik-Highlights der D600 im Telegrammstil.

Grundgerüst: Die tragende Oberseite des Kameragehäuses besteht aus einer Magnesiumlegierung.

Schaltzentrale: Auf dieser Platine, die der eines Computers sehr ähnlich ist, laufen die Fäden der Bildverarbeitung zusammen.

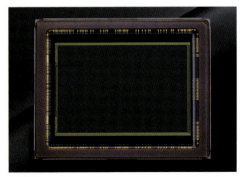

Herzstück 1: Der 24-Megapixel-Sensor im Kleinbild-Format. Er liefert die Rohdaten, die von der Elektronik erst zu einem Digitalbild gemacht werden.

Die D600 im Detail

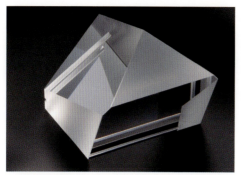

Durchblick: Der Pentaprisma-Sucher ist groß und liefert ein helles Bild. Sehr erfreulich ist seine Bildfeldabdeckung von vollen 100 Prozent.

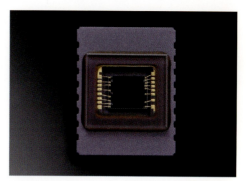

Visionär: Der RGB-Sensor arbeitet mit 2.016 Pixeln. Damit optimiert er unmittelbar vor der Aufnahme die Belichtung, den Autofokus und den Weißabgleich.

Herzstück 2: Ein weiteres Detailfoto des CMOS-Bildsensors. Hier jedoch inmitten der kompletten Baugruppe zu sehen, die den Sensor umgibt.

Dauerläufer: Auf 150.000 Auslösungen ist der Schlitzverschluss der D600 ausgelegt. Das ist für eine Amateur-DSLR ein außergewöhnlich hoher Wert.

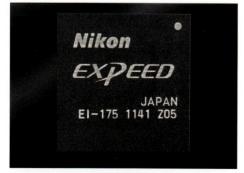

Kraftpaket: Der Expeed-3-Prozessor beherrscht eine 14-Bit A/D-Umwandlung sowie eine 16-Bit Signalverarbeitung. Damit garantiert er höchste Bildqualität.

Rattenscharf: Der Multi-CAM4800 Autofokussensor arbeitet mit 39 Fokussensoren, von denen 9 als Kreuzsensoren ausgeführt sind.

Die D600 im Detail

Vollformat. Vollformat?

Sicher haben Sie den obenstehenden Begriff schon oft gehört. Auch ich verwende ihn in diesem Buch zur Nikon D600. Es ist ein gängiger Ausdruck, der beschreibt, dass eine Digitalkamera über einen Bildsensor mit (nahezu) exakt den gleichen Abmessungen verfügt, die auch der analoge Kleinbildfilm aufweist. Letzterer misst 36 x 24 Millimeter; der Sensor der D600 hat eine Größe von 35,9 x 24 Millimeter.

Doch woher kommt der Ausdruck „Vollformat"? Die ersten digitalen Spiegelreflexkameras (DSLR; Digital Single Lens Reflex) basierten bis auf den Sensor auf ihren analogen Vorgängern, die mit dem weit verbreiteten Kleinbild-Film der oben genannten Abmessungen gearbeitet haben. Jedoch waren die Sensoren der DSLR-Pioniere weitaus kleiner als das vom Kleinbild-Film gewohnte Format; in den meisten Amateur- und Semi-Profi-DSLRs ist das auch heute noch so, wie die unten abgebildete Grafik veranschaulicht. 2002 kamen dann die ersten DSLRs mit einem Sensor im Kleinbild-Format auf den Markt: Die Contax N Digital sowie die Canon EOS 1Ds.

Bei Canon, so erzählt man sich zumindest, wollten die Marketing-Strategen seinerzeit die Besonderheit der 1Ds unterstreichen: ihr volles Kleinbild-Format. Abgekürzt wurde daraus „Vollformat", ein Begriff, der bis heute gebräuchlich ist. Im Prinzip spricht auch nichts dagegen, diese Bezeichnung zu verwenden, denn sie ist inhaltlich nicht falsch, und jeder weiß sofort, was gemeint ist. Etwas problematisch ist sie

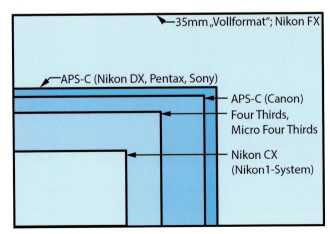

Gängige Bildsensoren von Systemkameras, mit und ohne Schwingspiegel, im maßstabsgetreuen Größenvergleich.

Crop-Faktor

35 Millimeter:	x 1,00
APS-C (N, P, S):	x 1,50
APS-C (Canon):	x 1,62
FT / MFT:	x 2,00
Nikon 1:	x 2,70

allerdings schon: Fragen Sie doch einmal einen Fotografen, der mit Mittelformat-Kameras arbeitet, was er denn unter „Vollformat" versteht, denn Mittelformat-Kameras haben Sensoren eingebaut, die weitaus größere Abmessungen haben als das gängige Kleinbild-Format.

„Crop-Faktor" und „Brennweitenverlängerung"

Im Zusammenhang mit den Sensorgrößen von Digitalkameras sind Ihnen vielleicht auch die Begriffe „Crop-Faktor" und „Brennweitenverlängerung" schon zu Ohren gekommen. Was hat es damit auf sich? Hierbei handelt es sich ebenfalls um Zusammenhänge zur analogen Zeit, genauer zu den Abmessungen des Kleinbild-Films. Bitte sehen Sie sich dazu erneut die Grafik auf der gegenüberliegenden Seite an.

Die meisten Amateur-DSLRs aller Hersteller sowie spiegellose Systeme wie Four Thirds / Micro Four Thirds oder Nikon 1 (und andere) verwenden einen Bildsensor, der um einiges kleiner ist als die Fläche eines Vollformat-Sensors. Deshalb ergibt sich, je nach Sensor-Größe, eine zum Kleinbild abweichende Bildwirkung bei gleicher Brennweite, die mit dem Crop-Faktor, einem Multiplikator, ausgedrückt wird. Gleiches gilt natürlich auch, wenn Sie die D600 vom FX- auf das DX-Format umschalten (dazu später mehr).

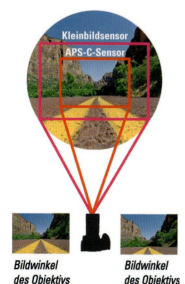

Bildwinkel des Objektivs am Kleinbild-Sensor

Bildwinkel des Objektivs am APS-C-Sensor

Ein Beispiel: Ein 100-Millimeter-Objektiv hat an einer Vollformat-Kamera auch 100 Millimeter Bildwirkung. An einer Kamera mit APS-C-Sensor von Nikon, Pentax oder Sony entsteht durch den kleineren Bildausschnitt, den der (kleinere) Sensor aufnimmt, die Bildwirkung eines 150-Millimeter-Objektivs (Crop-Faktor 1,5). Bei einer APS-C-Kamera von Canon sind es 162 Millimeter, bei (Micro) Four Thirds 200 Millimeter, und an einer Nikon 1-Kamera gar 270 Millimeter. Die Angabe des Crop-Faktors einer Kamera ist also eine durchaus sinnvolle Angelegenheit, um eine Basis zur vergleichenden Umrechnung von Objektivbrennweiten zu erreichen.

Der Begriff „Brennweitenverlängerung" hingegen ist als solcher jedoch schlichtweg Blödsinn, um es deutlich zu sagen. 100 Millimeter bleiben 100 Millimeter; egal, an welcher Kamera. Verwenden Sie ihn deshalb bitte nicht, damit dieser Humbug möglichst keine weitere Verbreitung erfährt.

Die D600 im Detail

24 Megapixel: Das sollten Sie bedenken

3 / 6 / 10 / 12 / 14 / 16 / 18 / 24 / 36 – so in etwa liest sich die Evolution des DSLR-Bildsensors hinsichtlich der Anzahl der Megapixel, wobei ich in dieser Aufzählung längst nicht alle Zwischenstufen sämtlicher Hersteller erfasst habe. Mit der D800/E sind wir momentan am oberen Ende dieser Skala angekommen (Stand: Oktober 2012); die D600 rangiert hinsichtlich der reinen Pixelzahl eine Stufe darunter.

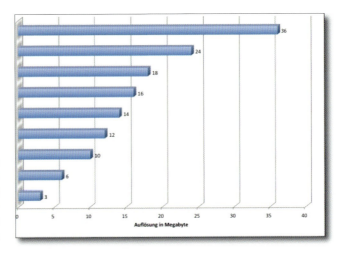

Dieses einfache Balkendiagramm zeigt anschaulich, wie die Megapixel-Zahl der Bildsensoren sich bis heute entwickelt hat. Derzeit sind die 36 Megapixel der D800 das Maß der Dinge bei Spiegelreflexkameras.

24 Megapixel Sensorauflösung sind fantastisch, aber bedeuten nicht nur eitel Sonnenschein, sondern bringen auch ein paar weniger bequeme Faktoren mit sich, die Sie kennen und beachten sollten. Dazu erneut eine Zahlenkolonne, dieses Mal aber etwas kürzer: 16,6 / 21,9 / 35,5. Hierbei handelt es sich um die Größe von RAW-Dateien (NEF); zufällig herausgegriffen aus meiner privaten Bilddatenbank.

Die erste Größe gehört zur Nikon D200 mit 10,2-Megapixel-Sensor, dann folgt die Dateigröße einer Nikon D7000 mit 16,2-Megapixel-Sensor, und als Drittes ein D600-NEF. Die Dateigrößen können übrigens schwanken; je nachdem welche Kompression und Bit-Tiefe Sie gewählt haben (dazu später mehr). Was ich damit aufzeigen möchte: 24-Megapixel-Fotos benötigen ganz schön viel Platz; auf der Speicherkarte ebenso wie auf der Festplatte des Computers. Angesichts der Datenmengen, die bereits bei vergleichsweise wenigen Fotos schnell mehrere Gigabyte erreichen, kann der Spei-

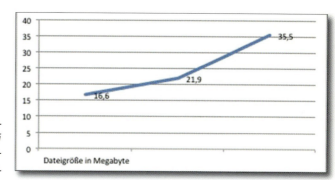

Das Diagramm zeigt den Platzbedarf einer einzigen RAW-Datei von drei unterschiedlichen Nikon-DSLRs der letzten Jahre.

cherplatz also schneller knapp werden als einem lieb ist. Insbesondere dann, wenn Sie mit RAW und JPEG gleichzeitig fotografieren (auch hierzu später mehr Details).

Vielleicht fragen Sie sich, warum ich diese simplen Zahlenspiele hier so breit auswälze, da Speicherplatz doch so billig geworden ist, dass sich die Kosten dafür in absolut überschaubaren Grenzen halten. Darum geht es mir in erster Linie auch gar nicht. Worauf ich hinaus möchte: Ihr Computer sollte hinsichtlich der Ausstattung (Prozessor, Arbeitsspeicher und Festplatte) möglichst üppig bestückt sein, denn sonst kann die Bildbearbeitung von D600-Fotos zu einer echten Geduldsprobe werden.

Es besteht jedoch kein Grund zur Panik: Eine durch einen etwas betagten Computer verursachte verlangsamte Bildbearbeitung bedeutet ja nicht, dass diese undurchführbar ist. Sie sollten sich in diesem Fall aber mental auf spürbar verlängerte Warte- und Bearbeitungszeiten einstellen, damit die Kamera-Lust nicht zum Nachbearbeitungs-Frust wird.

Mitte 2012 habe ich mein etwas in die Jahre gekommenes Notebook durch ein aktuelles, deutlich leistungsfähigeres Modell ersetzen müssen. Bei der Vielzahl der Fotos, die ich nahezu täglich verarbeite, war angesichts der immer größer werdenden Bilddateien ein flüssiges Arbeiten sonst kaum mehr zu gewährleisten.

Die D600 im Detail

Zusatzinvestitionen besser gleich mit einplanen

Kommen wir zu einem Thema, das möglicherweise monetär etwas schmerzen kann. Denn Sie werden – je nach bereits vorhandener Ausstattung – höchstwahrscheinlich nicht umhin kommen, rund um die D600 selbst noch einiges anzuschaffen, wenn Sie von der hohen Leistungsfähigkeit dieser Kamera auch in vollem Umfang profitieren wollen. Erstes Stichwort: Speicherkarten. Besitzen Sie von Ihrer bisherigen Kamera noch einige SD-Karten mit kleineren Kapazitäten, so müssen Sie eben auf der Fototour eine ausreichende Anzahl davon mitführen und sich gegebenenfalls noch welche dazu kaufen. Keine große Sache, könnte man meinen, denn Speicherkarten sind ja enorm billig geworden.

Jein. Wenn Ihnen die Geschwindigkeit der Kamera allgemein und die Serienbildgeschwindigkeit insbesondere nicht so wichtig sind, kann man die vorherigen Sätze genau so stehen lassen. Aber auch nur dann. Denn um das Geschwindigkeitspotenzial der D600 voll auszureizen, verlangt sie nach schnellen Speicherkarten. Und die sind, das ist der Haken, immer noch deutlich teurer als die langsameren Versionen. Wägt man die Faktoren gegeneinander ab, dann gereicht diese Situation der Kamera aber klar zum Vorteil: Sie **kann** schnelle Speicherkarten ausnutzen. Diese scheinbare Selbstverständlichkeit beherrscht nicht jede Digitalkamera!

Mit zwei dieser SanDisk Extreme Pro 95 MB/s SD-Speicherkarten habe ich die D600 bestückt. Eine perfekte Kombination.

Betrachtet man das Gesamtbild, sieht die Sache so aus: Der interne Speicher der D600 ist so üppig bemessen, dass die Kamera (jeweils zirka) 12 RAWs oder 12 RAW+JPEG-Duos oder 15 JPEGs darin aufnehmen kann, bis dieser gefüllt ist. Bis zu dieser Stelle ist es also völlig egal, welche Speicherkarte in der Kamera steckt, denn es wird ja nur in den eingebauten Speicher geschrieben. Doch dann trennt sich die Spreu vom Weizen: Jer schneller die D600 die (temporär intern) gespeicherten Dateien auf die Speicherkarte schreiben kann, desto schneller wird der interne Speicher wieder frei, um neue Fotos aufnehmen zu können – logisch.

Ich konnte dabei signifikante Unterschiede zwischen verschiedenen Marken und Geschwindigkeitsklassen von Speicherkarten feststellen, was zweifelsfrei beweist, dass die D600 von schnellen Karten profitiert. Da ich jedoch keine wissenschaftlichen Messungen durchgeführt habe und Ihnen deshalb auch keine nachprüfbare Rangfolge vorstellen kann, möchte ich hier auf die Nennung meiner persönlichen Bestenliste verzichten, was Sie hoffentlich verstehen. Mit einer Ausnahme: An die Leistung der auf der gegenüberliegenden Seite abgebildeten Extreme Pro 95 MB/s-Karte von SanDisk ist bei meinen Praxistests keine andere Karte herangekommen, wobei ich natürlich keinen Anspruch auf eine vollständige Abdeckung des Marktangebots erheben kann.

Ziemlich scharf oder richtig scharf?

Auch wenn Sie mich jetzt für einen Miesmacher halten könnten: Es kommt, was Zusatzinvestitionen angeht, noch dicker. Denn auch der hochauflösende 24-Megapixel-Vollformat-Sensor, den die D600 eingebaut hat, stellt Ansprüche: Hochwertige Objektive. Und hier ist es nicht anders als bei Speicherkarten: Wirklich gute Ausführungen kosten viel, teils sehr viel mehr als weniger leistungsfähige Varianten. Aber, mal ganz salopp gefragt: Würden Sie sich einen neuen Sportwagen kaufen, und diesen dann mit runderneuerten Reifen bestücken? Ich auch nicht.

Die Weißgesichteule saß minutenlang unbeweglich auf ihrem Ast. So hatte ich genug Zeit, sie mit zwei verschiedenen Objektiven zu fotografieren.

Unten abgebildet der 100-Prozent-Ausschnitt zweier Beispielfotos, die den Schärfe-Unterschied zwischen „ganz ok" (unten links) und „hervorragend" (unten rechts) demonstrieren. Die Beispiele zeigen: Die D600 kann nur dann ihr Bestes geben, wenn sie mit wirklich hochwertigem „Glas" bestückt wird; bei einem zweitklassigen Objektiv sparen Sie definitiv an der falschen Stelle. Bitte sehen Sie sich hierzu auch meine Objektivempfehlungen im nächsten Kapitel an.

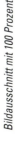

Bildausschnitt mit 100 Prozent

Die D600 im Detail

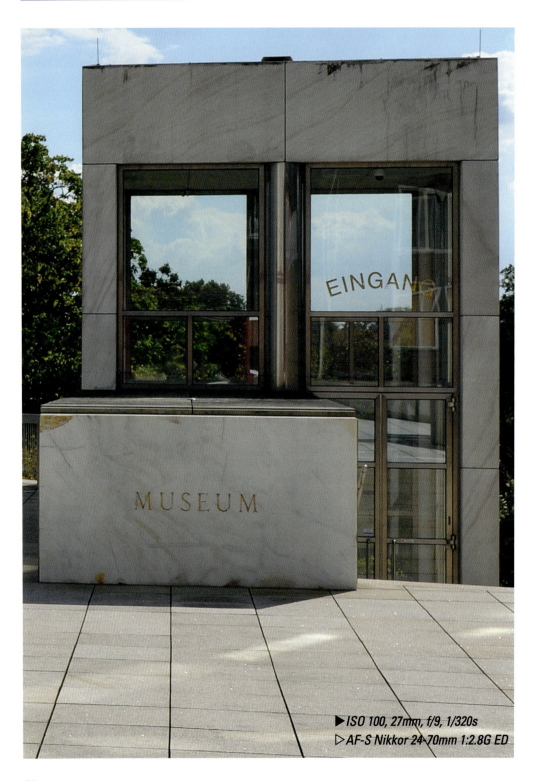

▶ ISO 100, 27mm, f/9, 1/320s
▷ AF-S Nikkor 24-70mm 1:2.8G ED

Die D600 im Detail

Sehr hohe Ausschnittreserven

So, jetzt habe ich aber genug Bedenken vorgebracht, oder? Zeit für den erfreulichen Teil der D600-Details, in dem es keine Randaspekte und keine Zusatzkosten zu befürchten gibt. Schauen Sie sich dazu bitte die beiden Fotos auf dieser Doppelseite an. Schnell werden Sie meine Finte durchschauen und feststellen: Es ist ein und dasselbe Foto. Auf dieser Seite ist das Motiv komplett abgebildet, auf der gegenüberliegenden Seite nur ein Ausschnitt daraus. Aus (grob geschätzt) 15 bis 20 Prozent der ursprünglichen Bildfläche konnte ich dank des 24-Megapixel-Sensors der D600 ohne jegliche Tricks einen Ausschnitt extrahieren, der sich problemlos in der links zu sehenden Größe – etwa doppeltes Postkartenformat – mit hoher 300-dpi-Qualität ausdrucken lässt.

Die Ausschnittreserven, die in einem D600-Foto stecken, sind also wirklich beachtlich; bei den DSLRs von Nikon kann nur die D800 dies noch toppen (Stand: Oktober 2012). Daraus sollten Sie jetzt aber bitte keinen Freibrief ableiten, beim Fotografieren einfach mal grob draufzuhalten, um erst hinterher am Computer den richtigen Bildausschnitt per Software zu bestimmen.

Das ist nicht meine Art Fotos zu schießen, und Ihre auch nicht, dessen bin ich mir sicher. Aber wenn man einmal beschneiden muss oder möchte, dann sind die Voraussetzungen dazu wirklich ausgezeichnet. Voraussetzung ist, dass Sie entweder mit höchster JPEG-Größe und -Qualität oder in RAW fotografieren, denn nur so werden die Fotos auch für kleinere Bildausschnitte hochauflösend genug. Auf das Thema JPEG-Größe und -Qualität sowie auf RAW gehe ich später noch ausführlich ein.

Die D600 im Detail

Viele Pixel, hohes Bildrauschen. Oder?

Ich gebe zu: Bis vor kurzer Zeit war ich sehr skeptisch, wenn zwei Faktoren zusammentrafen: Eine hohe Pixelanzahl auf dem Bildsensor einer Kamera und eine hohe ISO-Empfindlichkeit. Das „Grundgesetz" hat sich auch bis heute nicht verändert: Je mehr Pixel auf einem Sensor untergebracht sind, desto dichter liegen sie logischerweise zusammen, und desto anfälliger sind die Bildresultate für Bildrauschen. Dies gilt generell bei allen ISO-Empfindlichkeiten, aber insbesondere, wenn ein sehr hoher ISO-Wert eingestellt wird.

Lange Zeit habe ich mit einer D700 fotografiert, die im Bezug auf das Bildrauschen zu ihrer Zeit sensationell gut war. Allerdings musste man damit leben, mit einer Auflösung von nur 12 Megapixel auszukommen. Die D600 ist mit der doppelten Pixelzahl, also 24 Millionen Bildpunkten, ausgestattet, wobei der Bildsensor in den Abmessungen dem der D700 gleich ist. Doch was bedeutet das für das Bildrauschen? Ich kann Sie beruhigen. Denn eines darf man nicht vergessen. Die großen Fortschritte, die die Sensorfertigung seit dem Erscheinen der D700 (im Juli 2008) gemacht hat.

Bald schon werden Sie selbst erfahren, wie niederig das Bildrauschen der D600 auch bei höheren ISO-Empfindlichkeiten ausfällt. Falls Sie sich noch nicht in diesen Bereich vorgewagt haben, oder falls Sie dieses Buch als Entscheidungshilfe zum eventuellen Erwerb einer D600 gekauft haben, dann möchte ich Sie natürlich nicht im Regen stehen lassen, sondern Ihnen eine Fotoserie mit verschiedenen ISO-Empfindlichkeiten zeigen. Ich habe dazu einen recht hemdsärmeligen Testaufbau hergerichtet, der aus dem Stofftier „Himbär" (eine Leihgabe meiner Frau) sowie einer Banane, einem Apfel, einer Birne und einer Nektarine besteht.

Fotografiert habe ich von einem soliden Stativ mit Spiegelvorauslösung und Fernauslöser, um Erschütterungen so weit wie möglich zu vermeiden. Auf den nachfolgenden Seiten sehen Sie jeweils das gesamte Motiv sowie zwei Bildausschnitte bei 100 Prozent. Die Fotos sowie die Ausschnitte sind bewusst etwas größer abgedruckt, denn nur so bekommen Sie einen wirklich aussagekräftigen „Rausch-Vergleich" der verschiedenen ISO-Stufen geliefert.

Die D600 im Detail

▶ ISO 800

▶ ISO 1.600

Die D600 im Detail

▶ ISO 3.200

▶ ISO 6.400

Die D600 im Detail

▶ ISO 12.800

▶ ISO 25.600

Die D600 im Detail

Ich denke, zu den ISO-Testfotos auf den vorhergehenden Seiten muss ich nicht viele Worte verlieren. Denn bestimmt sind Sie mit mir einer Meinung: Das Bildrauschen der Kamera ist extrem niedrig, was insbesondere auch für höhere ISO-Stufen gilt. Ganz besonders bemerkenswert finde ich, dass die Rauschunterdrückung nicht einfach die feinen Details „wegbügelt", sondern, ganz im Gegenteil, auch feinste Strukturen sehr gut erhält. Dazu noch einmal zwei Bildausschnitte der Aufnahme mit 25.600 ISO bei 100 Prozent:

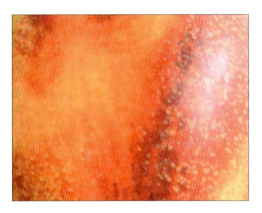

Hohe ISO-Empfindlichkeiten und die Abbildung feinster Strukturen stellen bei der D600 keinen Gegensatz dar – im Gegenteil.

Zwar ist in diesen 100-Prozent-Ausschnitten durchaus Bildrauschen erkennbar. Es wirkt aber nicht störend, weil die feinen Muster der Birne und der Nektarine vollständig erhalten bleiben. Für mich persönlich habe ich daher beim Fotografieren mit der ISO-Automatik hohe ISO 6.400 als Obergrenze festgelegt. Denn ich weiß, dass ich die so geschossenen Fotos nahezu ohne Einschränkungen verwenden kann; auch in einem professionellen Umfeld wie beim Fotografieren für dieses Buch. Selbst Fotos mit ISO 12.800 oder gar 25.600 lassen sich in den allermeisten Fällen noch bestens verwenden, wenn man sie nicht gerade in Postergröße an die Wand hängen möchte.

Doch keine Regel ohne Ausnahme: Kommt es, etwa bei Porträtfotos, die später großformatig gedruckt oder ausbelichtet werden sollen, auch auf das allerletzte Quäntchen an Qualität an, dann stelle ich natürlich auch an der D600 die ISO-Automatik ab und wähle eine Empfindlichkeit, die möglichst niedrig liegt. Für alle anderen Gelegenheiten gilt: Vertrauen Sie beruhigt der Rauscharmut der D600 und wagen Sie sich ruhig auch an hohe ISO-Werte heran.

Die D600 im Detail

Schnell genug für gute Action-Fotos

Eingestellt auf hohe Serienbildgeschwindigkeit, rattert die D600 fünfeinhalb Fotos pro Sekunde auf die Speicherkarte. Das haut einen professionellen Sportfotografen wahrscheinlich nicht vom Hocker, aber für eine Amateurkamera finde ich das mehr als rasant. Zumal man nicht vergessen darf: Wir reden hier von 24-Megapixel-Bildern! Der hohen Geschwindigkeit kommt zugute, dass der Autofokus der Kamera sehr schnell reagiert, wozu die D600 allerdings auch mit einem hochwertigen Objektiv bestückt sein muss (mehr dazu im Kapitel „Objektivratgeber").

5,5 Serienbilder sind ganz schön flott. Dass man nicht mehr aus der D600 herauskitzeln kann, lässt sich deshalb gut verschmerzen.

Wie gesagt: Mit fünfeinhalb Serienbildern pro Sekunde ist man wahrlich nicht schlecht unterwegs, wenn es um Action-Fotos geht. Offen gestanden finde ich es aber etwas schade, dass die D600 nicht, wie die D800, mittels Umschalten auf das DX-Bildfeld eine Geschwindigkeitssteigerung erfährt. Auch die Verwendung des links abgebildeten optionalen Handgriffs MB-D14 sorgt nicht für mehr Speed, wie es bei einigen anderen Nikon DSLRs mit ihrem entsprechenden Handgriff-Pendant der Fall ist. Die Frage, ob technische Gründe dafür verantwortlich sind, oder ob eine Geschwindigkeitsbegrenzung als bewusste verkaufsstrategische Abgrenzung zu anderen Nikon-Modellen dahinter steckt, vermag ich leider nicht zu beantworten.

Um den richtigen Moment einzufangen, sind ein schneller Autofokus, ein schnelles Objektiv und ein optimal vorbereiteter Fotograf meist wichtiger als ein oder zwei Serienbilder mehr pro Sekunde.

Die D600 im Detail

Zwei Bildfelder – eine Kamera

Wenn man zum ersten Mal eine Kamera mit einem Sensor im Kleinbildformat besitzt, ist man völlig zurecht stolz darauf. Ging mir nicht anders. Doch ich habe seinerzeit einen Fehler gemacht, vor dem ich Sie bewahren möchte: Ich habe das APS-C-Format (bei Nikon „DX" genannt), das ungefähr halb so groß ist wie das Kleinbild, völlig ausgeblendet. Ich hatte ja nun FX, die Königsklasse. Menschlich völlig verständlich, finde ich, aber im Zusammenhang mit der D600 ein großer Fehler, wie ich Ihnen zeigen möchte.

Verschiedene gängige Sensorgrößen hatte ich Ihnen ja bereits im Abschnitt „Vollformat" gezeigt. Nun eine etwas abgewandelte Grafik: Es zeigt nur die beiden Formate FX und DX, die Sie an der D600 einstellen und verwenden können. Nun mag man auf die Idee kommen sich die Frage zu stellen: „Wenn ich FX mit 24 Megapixel haben kann, weshalb sollte ich dann DX mit nur 10 Megapixel benutzen?"

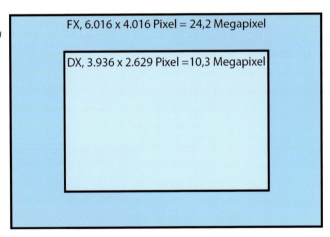

Die beiden Formate FX und DX, auf die Sie mit der D600 zurückgreifen können im maßstabsgerechten Größenvergleich.

Für DX gibt es zwei gute Gründe. Erstens kann es durchaus möglich sein, dass Sie von Ihrer vorherigen DX-Kamera noch ein gutes Objektiv besitzen, oder gar mehrere davon. In vielen Fällen, wenn es nicht auf die höchstmögliche Auflösung ankommt, können diese Ihnen auch an der D600 weiterhin sehr wertvolle Dienste leisten. Denken Sie also besser in Ruhe darüber nach, ob Sie wirklich (alle) Ihre DX-Objektive verkaufen wollen! Der zweite Grund liegt auf der Hand: Wie ich schon beschrieben habe, hat ein und dasselbe Objektiv an einer DX-Kamera eine deutlich veränderte Bildwirkung im

Die D600 im Detail

Vergleich zu einer FX-Kamera: Durch den kleineren Bildkreis, den der kleinere DX-Sensor nutzt – was analog natürlich genauso bei einer Umschaltung der D600 von FX auf DX gilt – verlängert sich scheinbar die Brennweite: Ein 50-Millimeter-Objektiv wirkt wie ein 75-Millimeter-Objektiv, ein 100-Millimeter wie ein 150 Millimeter und so weiter. Falls Sie also einmal in eine Situation geraten, wo eine höhere Telebrennweite wichtiger ist als eine möglichst hohe Auflösung, dann kann ein Umschalten auf DX die Situation oftmals retten.

Ein herannahendes Gewitter tauchte ein Gebäude des Mönchengladbacher Museums in ein unwirkliches Licht. Für den gewünschten Bildausschnitt war mein 24-70mm aber „zu kurz". Ein Umschalten auf DX brachte das gewünschte Ergebnis.

Automatische Umschaltung auf DX bei Verwendung eines DX-Objektivs (oben) oder manuelle Umschaltung – beides ist machbar.

Ein Beispiel aus der Praxis. Als ich die brandneue D600 in einem Fotofachgeschäft in Empfang nahm, hatte ich für meine ersten Gehversuche nur mein „geliebtes" AF-S Nikkor 24-70mm 1:2,8G ED dabei. Dies ist mein Standard-Objektiv; ich fotografiere sehr viel damit, und es arbeitet hervorragend mit der D600 zusammen. Doch wie es der Zufall so wollte, lagen genau an diesem Tag, an dem ich kein weiteres Objektiv mitführte, sehr viele der interessantesten Motive jenseits dessen, was man mit 70 Millimeter Brennweite noch halbwegs formatfüllend festhalten kann.

Notgedrungen bin ich deshalb in dieser Situation ins kalte Wasser gesprungen und habe von der manuellen DX-Bildfeldwahl regen Gebrauch gemacht, um das maximale Tele von 70 Millimeter wenigstens auf 105 Millimeter Bildwirkung zu strecken. Natürlich ging das auf Kosten der Auflösung, denn bei DX stehen bekanntlich nur noch 10 Megapixel zur Verfügung. In den allermeisten Fällen war ich mit dem Ergebnis dennoch mehr als zufrieden; ein Beispiel der DX-Serie dieses Tages sehen Sie oben abgebildet.

Objektivratgeber

Objektivratgeber

Klasse statt Masse

Ich habe es im vorherigen Kapitel bereits erwähnt: Die D600 ist in manchen Bereichen recht anspruchsvoll, wenn man ihr Potenzial vollständig herausarbeiten will. Sie sollte mit schnellen Speicherkarten gefüttert werden und sie schreit geradezu nach sehr guten Objektiven. Denn nur diese können, wie das vergleichende Beispiel der Weißgesichteule bereits ansatzweise gezeigt hat, auch die volle Detailauflösung liefern, die der Sensor der D600 verarbeiten kann.

Und weiter? Man muss doch einfach nur die besten Objektive zur D600 dazu kaufen, und der Fall ist gelöst. Leider ist es jedoch eine altbekannte Tatsache, dass das Beste sehr oft auch das Teuerste ist. Das verhält sich bei Objektiven nicht anders als bei anderen materiellen Dingen; ganz im Gegenteil: Das letzte Quäntchen an Abbildungsqualität greift fast immer unverhältnismäßig tief in die Geldbörse. Nur die allerwenigsten Personen dürften über ein Budget verfügen, um den frommen Qualitätswunsch ohne großartige Überlegungen umsetzen zu können.

Aus meiner Sicht gibt es nur einen einzigen praktikablen Weg, es richtig zu machen: Klasse statt Masse. Beschränken Sie sich Anfangs lieber auf ein hochwertiges Objektiv, und kaufen Sie später, wenn Sie den Bedarf sehen und das Budget es (wieder) erlaubt, weitere Objektive gleicher Qualitätsklasse hinzu. Mittelmäßige oder gar minderwertige Objektive würden die Höchstleistungen, zu denen die D600 in der Lage ist, im Keim ersticken.

Ich habe meinen Objektivratgeber nach folgendem Schema aufgebaut: Zunächst die Grundausstattung. Danach folgt der Ausbau mit Weitwinkel-, Tele- und Makroobjektiven, sowie Festbrennweiten. Ich erhebe dabei nicht den Anspruch auf Vollständigkeit, denn ich konnte natürlich nicht jedes erhältliche Objektiv an der D600 testen. Wenn ich ein bestimmtes Objektiv hier nicht nenne, so bedeutet dies also nicht, dass es für die D600 ungeeignet ist. Mit allen vorgestellten Objektiven habe ich an der D600 fotografiert und sie für tauglich befunden. Einige der Beispielfotos stammen jedoch aus einer anderen Vollformat-Nikon; dies ist an den jeweiligen Fotos gegebenenfalls entsprechend vermerkt.

Objektivratgeber

Die Grundausstattung

Festbrennweiten stelle ich Ihnen zwar erst später vor. Doch dieses 50-Millimeter-Objektiv bildet eine Ausnahme: Es ist die mit Abstand preisgünstigste Möglichkeit, mit der D600 auf angemessenem Niveau zu starten. Zoom-verwöhnte Fotografen müssen sich dabei umgewöhnen – man muss sich öfter mal in Bewegung setzen, statt einfach nur am Zoomring zu drehen. Ich verwende es sehr gerne, wenn ich mit minimalistischer Ausrüstung unterwegs sein möchte.

Mit einer sogenannten Normalbrennweite wie dieser kommen Sie schon erstaunlich weit. Einige „alte Hasen" fotografieren sogar fast ausschließlich mit einem solchen Objektiv.

AF-S Nikkor 50mm 1:1.8G; ca. 175 Euro

Totale oder Details: Mit dem 50-Millimeter gelingt beides gleichermaßen. Fotos mit einer D700.

Objektivratgeber

Es ist nicht ganz so lichtstark wie die Alternative auf der rechten Seite, dafür aber auch nicht so groß und so schwer, und insbesondere längst nicht so teuer. Dem 24-70 hat es sogar den Bildstabilisator voraus.

AF-S VR Nikkor 24-85mm 1:3.5-4.5 G; ca. 500 Euro

Dieses Zoom ist erstaunlich scharf in seiner Abbildungsleistung. Es hat für seinen vergleichsweise moderaten Preis sehr viel zu bieten: Sein Zoombereich reicht vom echten Weitwinkel bis zur 85-mm-Porträtbrennweite, ein Bildstabilisator ist eingebaut, die Fertigungsqualität ist auf hohem Niveau, es passt von seiner (im Vergleich zu vielen anderen Vollformat-Zooms) handlichen Größe her bestens zur D600. Eine 2,8-er Lichtstärke bekommt man zwar nicht, worauf man aber angesichts des Preises in Kombination mit einer lichtstarken Festbrennweite recht gut verzichten kann.

Ob Weitwinkel (unten) oder gemäßigtes Tele (rechts): Mit dem 24-85 bekommt man beides.

Objektivratgeber

Für den Kaufpreis dieses Objektivs bekommen Sie drei 24-85-er. Dennoch ist der Gegenwert über jeden Zweifel erhaben: Die Abbildungsleistungen, die Fertigungsqualität inklusive Staub- und Spritzwasserschutz sowie der blitzschnelle und geräuschlose Fokusmotor sind State-of-the-art. Zoom- und Fokusringe laufen butterweich, die Nanokristall-Vergütung sorgt für überragende Kontraste. Wenn dieses Zoom Ihr Budget nicht sprengen sollte, dann rate ich Ihnen: Kaufen! Sie werden es insbesondere langfristig nicht bereuen, denn am 24-70 werden Sie jahrelang Ihre Freude haben.

Sehr groß, sehr schwer, sehr teuer – das sind die negativen Eigenschaften des 24-70. Seine Abbildungsleistungen entschädigen jedoch für alles. Wer langfristig für die nächsten Jahre plant, kann hier nicht viel falsch machen.

AF-S Nikkor 24-70mm 1:2.8 G ED; ca. 1.500 Euro

Auch das Profi-Zoom vereint Weitwinkel- (unten) und leichte Tele-Brennweite (links).

Objektivratgeber

Mehr Weitwinkel-Bereich

Ein Weitwinkel-Zoom, das meiner Meinung nach sehr gut zur D600 passt, ist dieses 16-35-Nikkor. Es ist mit einem Bildstabilisator ausgestattet und bietet eine durchgängige Anfangsöffnung von 1:4. Leicht abgeblendet ist es knackscharf, wobei die Schärfe bei 16-20 Millimeter zu den Rändern hin leicht (aber nicht dramatisch) abfällt. Das Objektiv ist in Profi-Qualität inklusive Staub- und Spritzwasserschutz gefertigt. Die Nano-Beschichtung sorgt für ein ausgezeichnetes Kontrastverhalten und eine neutrale Farbwiedergabe.

Mit rund 1.000 Euro ist das 16-35 zwar kein Schnäppchen, aber es ist sein Geld wert, wenn man oft und gerne im Weitwinkel unterwegs ist. Der Autofokus ist leise und schnell, der Bildstabilisator für Freihandaufnahmen hilfreich.

AF-S Nikkor 16-35mm 1:4 G ED VR; ca. 1.050 Euro

Bei einem Städtetrip nehme ich das 16-35 sehr gerne mit, denn hierbei leistet es großartige Dienste.

Objektivratgeber

Von Sigma kommt ein Ultraweitwinkel, das mir an der D600 ebenfalls sehr gut gefällt. 12 Millimeter an einer Vollformat-Kamera können beeindruckende Perspektiven schaffen, und auch der Bereich bis 24 Millimeter ist sehr interessant. Die Fertigungsqualität des Objektivs ist nicht zu beanstanden, der Ultraschall-Motor leise und schnell. Es gibt einen Schärfeabfall zum Rand hin, der aber in den meisten Fällen das Bildergebnis nicht stört. Wer gerne Filter verwendet, muss jedoch aufpassen: Dazu ist das Sigma wegen seiner gewölbten Frontlinse von Haus aus nicht geeignet.

Mit dem Brennweitenbereich des Sigma kann man außergewöhnliche Perspektiven schaffen. Es neigt allerdings etwas zu seitlichem Lichteinfall, was in erster Linie auf die gewölbte Frontlinse zurückzuführen sein dürfte.

Sigma 12-24mm F 4.5-5.6 II DG HSM; ca. 775 Euro

24 Millimeter (links) sind schon klasse, aber 12 Millimeter (unten; Foto mit D700) wirken umwerfend.

Objektivratgeber

Mehr Tele-Bereich

Auch für diese Brennweitenspanne habe ich einen Liebling, der leider wieder sehr schwer, sehr groß und sehr, sehr teuer ist. Trotzdem habe ich die Investition in dieses Objektiv nie bereut, denn es leistet mir seit Jahren an verschiedenen Kameras ausgezeichnete Dienste. Extrem robust, extrem schnell, extrem scharf, extrem kontrastreich. Eingebauter Bildstabilisator, Staub- und Spritzwasserschutz, Nano-Vergütung – eines der besten Objektive, das ich je in der Hand hatte. Natürlich sind diese Höchstleistungen nicht zum Schnäppchenpreis zu bekommen. Aber auch hier sollte man den Langzeitwert unbedingt in die Kaufüberlegungen mit einbeziehen; dann rechnet sich der Betrag durchaus.

Das 70-200 ist so solide gebaut, dass man meint, damit ohne Probleme einen Nagel in die Wand schlagen zu können. Aber wer würde das wirklich tun...

AF-S Nikkor 70-200mm 1:2.8 G ED II VR; ca. 1.900 Euro

Ob 70mm (links) oder 200mm (unten) die Leistungen sind stets exzellent. Beide Fotos mit einer D800.

Objektivratgeber

Das Sigma bietet zum fast doppelt so teuren Nikon einen identischen Brennweitenbereich, und ebenfalls eine durchgängige Anfangsöffnung von 1:2,8. Es verfügt ebenso über einen Ultraschallmotor und einen Bildstabilisator, sowie über vergütete Linsen. Die Fertigungsqualität ist ohne Fehl und Tadel, wenngleich sie mit der unverwüstlichen Bauweise des Nikon nicht ganz mithalten kann. Bei der Abbildungsleistung ist das Sigma im Bildzentrum durchgängig sehr scharf, lässt allerdings in den Randbereichen und insbesondere in den Bildecken bei den hohen Telebrennweiten (ca. 175mm bis 200mm) in der Schärfeleistung wesentlich stärker nach als das Nikon. Es muss nun jeder selbst entscheiden, ob die unterschiedlich ausgeprägte Randschärfe oder der Kaufpreis das wichtigere Kriterium darstellt.

Wen die nachlassende Schärfe in den Randbereichen nicht stört, der bekommt mit dem Sigma eine gleichwertig ausgestattete Alternative zum Nikon. Mit 1.000 Euro Kaufpreis ist es zwar keineswegs billig, aber sehr viel günstiger.

Sigma AF 70-200mm f/2.8 EX DG OS HSM; ca. 1.000 Euro

Auch das Sigma liefert bei 70mm (links) und bei 200mm (unten) gleichermaßen scharfe Fotos.

Objektivratgeber

Makro-Objektive

Das 105-er Makro von Nikon ist mein Favorit. Es ist ausgezeichnet gefertigt, verfügt über die Nano-Vergütung, besitzt einen Bildstabilisator sowie eine durchgängig hohe Anfangsöffnung von 1:2,8. Weshalb ich es ganz besonders mag, liegt an seiner hervorstechendsten Eigenschaft: Es ist das schärfste Objektiv, mit dem ich jemals fotografiert habe. Bereits bei Offenblende ist es überragend, aber leicht abgeblendet wird es geradezu zu einer Offenbarung. Es eignet sich an der D600 übrigens auch ausgezeichnet als Porträt-Objektiv. Ich möchte es Ihnen wärmstens ans Herz legen.

Es gehört sicher nicht zu den preisgünstigsten Makros, aber mit Sicherheit zu den besten – wenn es nicht sogar das beste ist. Der Bildstabilisator wertet das Objektiv zusätzlich auf.

AF-S Micro Nikkor 105mm 1:2.8 G ED VR; ca. 775 Euro

Überragende Schärfe und nahezu keine Verzeichnungen. Beide Fotos sind mit einer D700 geschossen.

Objektivratgeber

Auch mit diesem Nikon schlagen Sie zwei Fliegen mit einer Klappe: Neben seinen sehr guten Makro-Eigenschaften bekommen Sie mit dem 60-er Makro auch ein hervorragendes Normalobjektiv. Wie beim großen Bruder auf der linken Seite ist auch dieses Objektiv sehr gut gefertigt, mit einer Nano-Vergütung versehen und mit einer durchgängigen Lichtstärke von 1:2,8 ausgestattet. Das „kleine" Makro ist ebenfalls bereits ab Offenblende knackscharf, erfährt aber durch leichtes Abblenden nochmals einen gehörigen Schärfeschub. Würde ich nicht bereits das 105-er besitzen, wäre das 60-er ganz bestimmt eine Überlegung wert.

Ein hochklassiges Makro-Objektiv, das dennoch bezahlbar bleibt. Es eignet sich abseits der Makro-Fotografie noch für eine Vielzahl an weiteren Motiven.

AF-S Mirco Nikkor 60mm 1:2.8 G ED; ca. 500 Euro

Tolle Schärfe und ein angenehmer Unschärfebereich. Beide Fotos sind mit einer D700 geschossen.

Objektivratgeber

Reisezoom

Ich gebe offen zu: Ich benutze kein Reisezoom. Der Grund: Da, wie bei diesem 28-300, ein sehr großer Brennweitenbereich abgedeckt wird, muss man zwangsläufig Kompromisse eingehen. Dieses Objektiv ist daher nicht ganz so scharf und auch nicht ganz so lichtstark wie die anderen hier vorgestellten, und es hat mit (moderaten) Verzeichnungen zu kämpfen. Wenn man jedoch ein Reisezoom für seine D600 möchte, um das Gepäck kompakt und leicht zu halten, dann ist man hier richtig. Das 28-300 ist sehr gut gefertigt, hat einen Bildstabilisator und einen schnellen Ultraschallmotor. Leider kann man es nicht gerade billig nennen.

Nur mit der D600 und einem einzigen Objektiv auf Reisen gehen – das kann man mit dem 28-300 realisieren. Man sollte die Kompromisse aber kennen und auch akzeptieren wollen.

AF-S Nikkor 28-300mm 1:3.5-5.6 G ED VR; ca. 800 Euro

Vom echten Weitwinkel (unten) bis zum ordentlichen Tele (links) deckt dieses Objektiv alles ab.

Objektivratgeber

Festbrennweiten

Die 50-er Festbrennweite habe ich Ihnen ja schon am Anfang dieses Kapitels vorgestellt. Hier nun die passende Ergänzung im Weitwinkel: Das erst seit April 2012 erhältliche 28-er Nikon ist lichtstark, mit einer Nano-Vergütung versehen, sehr hochwertig gefertigt und hat einen leisen und schnellen Ultraschallmotor eingebaut. Es empfiehlt sich für die Stadt- und Landschaftsfotografie, wo es bei allen Blendenstufen sehr hohe Abbildungleistungen liefert. Wenn Straßenfotografie auf dem Programm steht, und ich mit leichtem Gepäck unterwegs sein möchte, ist dieses 28-er Nikon nahezu immer das Objektiv meiner Wahl.

Mit diesem Weitwinkel hat man garantiert sehr viel Freude. Die Schärfe- und Kontrastleistung ist ausgezeichnet, und es belastet das Reisegepäck nur sehr wenig.

AF-S Nikkor 28mm 1:1.8 G; ca. 600 Euro

Mit 28 Millimeter lassen sich sehr viele Motive einer Städtetour bestens einfangen. Fotos mit D800.

Objektivratgeber

Dieses Teleobjektiv macht das Festbrennweiten-Trio komplett. Nicht gerade günstig, zugegeben, erfreut mich die Neuentwicklung aber stets mit einer überragenden Leistung, an die kaum ein Zoom heran kommt. Seine hohe Lichtstärke, der rasante Autofokus sowie die hochwertige Nano-Vergütung nebst einer ausgezeichneten Verzeichnungskorrektur sind die ausschlaggebenden Gründe. Es eignet sich sehr gut als Porträt-Objektiv, wobei es natürlich auch für eine Vielzahl anderer Motive bestens einsetzbar ist. Die Abdichtungen gegen Staub und Spritzwasser runden die professionelle Ausstattung der Hochleistungs-Festbrennweite ab.

Konnte bereits das Vorgängermodell mit seinen Leistungen überzeugen, setzt diese komplette Neuentwicklung nochmal gehörig eins obendrauf.

AF-S Nikkor 85mm 1:1.8 G; ca. 1.400 Euro

Das 85-er schafft scharfe und kontrastreiche Fotos. Beide Beispiele mit der D800 geschossen.

Fisheye

Aus Platzgründen kann ich leider nicht alle Spezialobjektive aufführen. Das Sigma Fisheye möchte ich Ihnen jedoch ans Herz legen, wenn Sie sich für diese Art der Fotografie interessieren. Mit seiner Brennweite von ganzen 8 Millimetern liefert es an einer Vollformat-Kamera wie der D600 ein kreisrundes Bild. Damit lassen sich interessante und witzige Effekte erzielen. Für gelegentliche Spielereien sollten Sie das Sigma nicht in Betracht ziehen; dafür ist es zu teuer.

Dieses Fisheye von Sigma ist ein reiner Spezialist. Da es jedoch einiges kostet, sollten Sie vor dem Kauf genau überlegen, ob Sie es auch wirklich intensiv genug nutzen werden.

Sigma 8mm F3,5 EX DG Zirkular Fisheye; ca. 800 Euro

Aussergewöhnliche Perspektiven und lustige Spielereien lassen sich mit dem Sigma fotografieren.

Mein Zubehör

▶ ISO 100, 70mm, f/5.6, 1/320s
▷ AF-S Nikkor 24-70mm 1:2.8G ED

Mein Zubehör zur D600

Ich brauche Ihnen nicht zu erzählen, dass die Liste an Kamerazubehör unendlich lang ist. Es gibt nicht nur zahlreiche Zubehör-Kategorien, sondern in jeder einzelnen Kategorie auch unzählige Variationen. Beispiel Kamera-Transport: Schultertaschen, Hüfttaschen, Rucksäcke, Koffer, Slings, Bags, Trolleys... und so weiter. Jede dieser Transportlösungen gibt's wiederum in zahlreichen Formen, Farben, Größen, Qualitäten und Preisklassen. Ich halte es daher für wenig sinnvoll, einfach irgend etwas aus den Katalogen der Hersteller herauszugreifen, was irgendwie zur D600 passen könnte, um es Ihnen hier zu präsentieren.

Einerseits können Sie selbst in jedem Online-Shop und bei jedem Fotohändler nach Herzenslust stöbern; andererseits würden mir die Erfahrungswerte zum jeweiligen Zubehörteil fehlen – und genau diese möchte ich Ihnen gerne vermitteln; darauf lege ich großen Wert. Deshalb habe ich für dieses Kapitel auch den Namen „Mein Zubehör" gewählt: Ich zeige Ihnen, was ich beim Fotografieren mit mir herum trage, und auch womit ich es herumtrage. Es handelt sich durchweg nur um Zubehör, mit dem ich sehr gute Erfahrungen gemacht habe und das sehr gut zur D600 passt, weil es wirklich praktisch ist.

Eine rein subjektive Auswahl also, ähnlich wie bei meinen Objektivempfehlungen, keine Frage. Deshalb bitte ich Sie: Kaufen Sie nicht „blind" etwas, das ich Ihnen hier vorstelle. Was mir gefällt, muss Ihnen noch lange nicht zusagen, denn die Geschmäcker, die Anforderungen und die Arbeitsweisen sind bei jedem Fotografen höchst unterschiedlich. Verstehen Sie meine Empfehlungen daher jeweils nur als Anregung, wie Ihre eigene Ausrüstung sinnvoll erweitert oder ergänzt werden könnte.

Ich habe dabei zum einen ganz bewusst auf „Schnickschnack" verzichtet, den man nur selten braucht, und zum anderen auch mit Absicht sehr spezielles Zubehör aussen vor gelassen, das für einen ganz bestimmten Einsatzzweck möglicherweise durchaus hilfreich sein könnte, für die meisten Leser dieses Buches jedoch weniger interessant oder zu individuell sein dürfte.

- BATTERIEGRIFFE
- AKKUS & BATTERIEN
- FERNAUSLÖSER
- DISPLAYSCHUTZ GLAS
- DISPLAYSCHUTZ
- SUCHERZUBEHÖR
- WASSERWAAGEN

- DECKEL
- ADAPTER
- OBJEKTIVE & SPEKTIVE
- FILTER & FILTERADAPTER
- SONNENBLENDEN
- MAKROZUBEHÖR
- VORSATZLINSEN
- KONVERTER

- TASCHEN & TRANSPORT
- KAMERAGURTE
- HANDSCHLAUFEN

- STUDIOAUSSTATTUNG
- STATIVE & ZUBEHÖR
- REFLEKTOREN & SCHIRME
- BLITZGERÄTE & ZUBEHÖR
- BELICHTUNGSMESSUNG

- VIDEOZUBEHÖR DSLR & DV
- GPS-TOOLS
- REINIGUNG & PFLEGE

Die Rubriken eines großen Onlineshops für Fotozubehör. Jede davon hat zahllose Unterkategorien – die Auswahl ist nahezu unüberschaubar.

Mein Zubehör

Rucksack für die komplette Ausrüstung

Vom Delsey war ich auf Anhieb begeistert. Er nimmt meine komplette Ausrüstung auf (D600, 24-70, 70-200, 50/1.8, Telekonverter, SB-910-Blitz, Zubehör), Mac Book Pro, und persönliche Dinge.

Die mitgelieferte abnehmbare Halterung trägt an der Außenseite ein Stativ; ein Regencape ist ebenfalls dabei. Der Rucksack ist exzellent verarbeitet, sehr robust, bietet innen und außen viele kleine und größere Einzelabteile, und lässt sich durch bewegliche Inneneinteiler mit Klettverschluss nach Belieben anpassen.

Delsey ProRoad 53;
www.kaiser-fototechnik.de
ca. 185 Euro

Schultertasche für die Grundausstattung

„Mehr drin als man glaubt" war mal ein Werbespruch. So verhält es sich auch bei dieser Tasche: D600, 24-70, 70-200, Blitz, Kleinzeugs und persönliche Dinge – passt alles hinein. Die Inneneinteilung ist variabel, die Fertigungsqualität ausgezeichnet, ein Regenschutz wird mitgeliefert.

Was mich an dieser Tasche aber ganz besonders freut: Sie sieht nicht wie eine Fototasche aus. Denn manchmal kann es von großem Vorteil sein, wenn keiner den wertvollen Inhalt erahnt.

ThinkTank Retrospective 10 Pinestone;
www.thinktankphoto.com
ca. 130 Euro

Telekonverter

450 Euro sind kein Pappenstiel. Beim Einsatz des Konverters gehen zwei Blendenstufen Lichtstärke verloren. Er funktioniert nur mit dem 70-200-Objektiv (innerhalb meiner Ausrüstung). Es ist ein ganz leichter Schärfeabfall in den Fotos festzustellen.

Dennoch empfehle ich ihn. Der Konverter harmoniert perfekt mit der Kombination D600 / 70-200 VR, die Bildqualität und -Schärfe ist immer noch ausgezeichnet, der Autofokus weiterhin blitzschnell, und der Konverter erweitert den Telebereich auf 400 Millimeter – im DX-Modus sogar auf 600 Millimeter. Ich möchte jedenfalls nicht mehr auf den TC-20E III verzichten.

Nikon AF-S Teleconverter TC-20E III;
www.nikon.de
ca. 450 Euro

Mein Zubehör

ExpoDisc EXPOD77;
www.expoimaging.com
ca. 110 Euro

Weißabgleichsfilter

Obwohl der automatische Weißabgleich der D600 sehr zuverlässig arbeitet, ist ein vor Ort selbst gemessener Weißabgleich immer etwas genauer. Besonders gilt dies natürlich in schwierigen Situationen mit Mischlicht.

Der ExpoDisc macht die Sache zum Kinderspiel, und hat mich auch unter sehr vetrackten Lichtbedingungen noch nie enttäuscht.

Vierbeinstativ

Man muss sich eine Weile daran gewöhnen, zugegeben. Doch nach einiger Zeit möchte man die zusätzliche Stabilität, die das vierte Bein dieser aussergewöhnlichen Konstruktion dem Stativ verleiht, nicht mehr missen.

Deutsche Präzisionsarbeit, die leider ihren Preis hat: Je nach Ausführung können Sie auch mehr als das Doppelte des von mir genannten Preises dafür ausgeben. Wer oft ein Stativ benutzt, sollte sich das Quadropod aber auf jeden Fall einmal ansehen.

Novoflex Quadropod;
www.novoflex.de
ab ca. 400 Euro

Einbeinstativ

Aus dem schwäbischen Wannweil stammt dieses Einbeinstativ, das dort in Handarbeit gefertigt wird. Es ist eine durchdachte Konstruktion, die mir wegen ihrer einfachen und schnellen Handhabung ohne Klemmen und Schrauben sehr gut gefällt.

Lumpp Premium
Einbeinstativ;
www.lumpp-feinwerktechnik.de
ca. 100 Euro

Das Alu-Stativ ist gegen das Eindringen von Schmutz abgedichtet, trägt satte 12 Kilo Gewicht, verzichtet auf jeglichen Schnickschnack, und ist darüber hinaus sehr gut verarbeitet.

Mein Zubehör

Novoflex Magic Ball 50;
www.novoflex.de
ca. 240 Euro

Stativkopf

Auch mein liebgewonnener Stativkopf stammt aus dem Hause Novoflex. Mir gefällt besonders seine einfache Handhabung, denn mit nur einem einzigen Dreh ist er in allen erdenklichen Positionen zu fixieren. Der Magic Ball ist sehr hochwertig verarbeitet.

Ein Plus, das mich freut: Die Kugel ist im Gegensatz zu den meisten anderen Kugelköpfen nicht gefettet, sodass Staub und Schmutz sich auch nicht darauf festsetzen können.

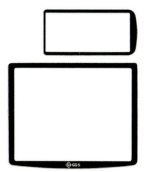

Phottix Geo One;
diverse Anbieter im Internet
ca. 110 Euro

GPS-Empfänger

Mit über 200 Euro empfinde ich den Preis des Nikon-GPS-Empfängers GP-1 als etwas überzogen. Ich machte den Phottix Geo One ausfindig, der fürs halbe Geld die gleiche Leistung bietet.

Angeschlossen an die GPS-Buchse der D600, schreibt er die GPS-Koordinaten direkt in die Exif-Daten des Fotos; eine Nachbehandlung entfällt. Auf Auslands- und Urlaubsreisen habe ich ihn immer auf der Kamera.

GGS Echtglas Schutzset;
diverse Anbieter im Internet
ca. 20 Euro

Schutz für die Displays

Nikon liefert zwar eine Schutzabdeckung für das rückseitige Display mit. Diese gefällt mir jedoch nicht besonders, da das dünne Plastik im Ernstfall nur einen rudimentären Schutz bietet. Zudem setzt sich oft Staub zwischen Display und Plastikschutz ab.

Das GGS-Schutzset wird (wieder ablösbar) luftdicht aufgeklebt, sodass kein Schmutz eindringen kann. Es besteht aus hochvergütetem und robustem Echtglas und ist nur sehr dünn. Sehr praktisch finde ich, dass sich auch ein Glas für das obere Kontrolldisplay im Lieferumfang befindet.

Mein Zubehör

Systemblitz

Ein Systemblitz gehört zu jeder guten Fotoausrüstung, denn er erweitert die Möglichkeiten beträchtlich. Für weitergehende Informationen lesen Sie bitte im Kapitel „Richtig Blitzen" nach. Der SB-910 begeistert mich wegen seiner Kraft, seiner Flexibilität, seiner Präzision, sowie der sehr einfachen Bedienbarkeit. Der SB-910 harmoniert perfekt mit der D600, von der er sich mittels des eingebauten Blitzes der Kamera drahtlos konfigurieren und zünden lässt. Ein wirklich tolles Team, das mir immer wieder Freude bereitet.

Nikon Speedlight SB-910
www.nikon.de
ca. 370 Euro

Wenn Sie nicht ganz so oft blitzen, nicht ganz soviel Geld ausgeben möchten, oder falls Sie eine Ergänzung zum SB-910 suchen, ist der kleine Bruder SB-700 für mich die erste Wahl. Er hat etwas weniger Power (Leitzahl SB-910: 34; LZ SB-700: 28) und einen etwas kleineren Zoombereich (SB-910: 17-200mm; SB-700: 24-120mm). In der einfachen Bedienung und der zuverlässigen Leistung kann er aber ohne Weiteres mit seinem großen Bruder mithalten. Wer gerne mit zwei oder mehr Systemblitzen arbeitet, dem empfehle ich die Kombination D600 + SB-910 + SB-700 – perfekt!

Nikon Speedlight SB-700
www.nikon.de
ca. 250 Euro

Multifunktionshandgriff

Der MB-D14 verleiht der D600 eine längere Laufzeit, bevor sie aufgeladen werden muss und stattet die Kamera mit einem zweiten Auslöser, einem dritten Einstellrad sowie einem zusätzlichen Multifunktionswähler aus. Bei Hochformat-Aufnahmen lässt sich die Kamera mit Griff wesentlich komfortabler halten und bedienen als ohne.

Nikon MB-D14
www.nikon.de
ca. 250 Euro

Mein Zubehör

Set für die Reinigung unterwegs

Das Set enthält einen weichen Pinsel, mehrere feuchte Reinigungstücher, ein Fläschchen mit Reinigungsflüssigkeit zum Aufsprühen sowie ein Microfaser-Reinigungstuch. Alles zusammen passt in ein kleines Transporttäschchen, das sich am Kameragurt oder dem Hosengürtel griffbereit anbringen lässt. Ich finde das Set auf Reisen sehr praktisch.

Carl Zeiss Lens Cleaning Kit
www.zeiss.de
ca. 20 Euro

Drahtloser Fernauslöser

Für unter 20 Euro ist der ML-L3 ein sehr wertvolles Zubehörteil, das bei vielen Aufnahmesituationen, wenn das direkte Drücken des Kameraauslösers nicht möglich oder nicht erwünscht ist, seine Aufgabe zuverlässig verrichtet.

Nikon ML-L3
www.nikon.de
ca. 17 Euro

Mobiler XXL-Bildbetrachter

Die D600 hat zwar ein ausgezeichnetes Farbdisplay eingebaut. Doch zur exakten Kontrolle, insbesondere hinsichtlich der Bildschärfe, reicht es mir nicht immer aus. Ich nehme daher, wann immer es geht, mein iPad 3 mit auf Tour. Mit dessen Retina-Display lassen sich Fotos deutlich treffsicherer beurteilen.

Ich handhabe das unterwegs so: Neben RAWs speichere ich auf der zweiten SD-Karte JPEGs in höchster Qualität, aber in der kleinsten Größe, was für das iPad völlig ausreicht. Die JPEGs übertrage ich dann mit dem Camera Connection Kit auf das iPad. Nur als mobiler Bildbetrachter ist das iPad natürlich zu teuer. Sollten Sie aber eines besitzen, dann nutzen Sie es auf der Fototour!

Apple iPad 3 / Connection Kit
www.apple.de
ab ca. 480 Euro / ca. 30 Euro

▶ ISO 400, 31mm, f/10, 1/200s
▷ AF-S Nikkor 24-70mm 1:2.8G ED
▶ Scene-Programm Landschaft

Die ersten Fotos schießen

Bestimmt sind Sie schon ganz gespannt darauf, die ersten Fotos mit Ihrer neuen D600 zu schießen. Deshalb möchte ich die weitergehenden theoretischen Erkundungen der Einstellmöglichkeiten auf später verschieben, und Sie bitten, einfach das zu tun, wozu Sie die Kamera gekauft haben: Fotografieren. Ein guter Weg, auch ohne tiefgreifende Vorkenntnisse zu wirklich guten Ergebnissen zu kommen, sind die Motivprogramme der Kamera; von Nikon „Scene" genannt.

Falls Sie zu den erfahreneren Fotografen gehören, dann habe ich an dieser Stelle einen Wunsch an Sie: Bitte überblättern Sie dieses Kapitel nicht. Auch wenn Sie sich mit den klassischen Aufnahmemodi, die wir später auch noch behandeln, recht gut auskennen, sind die Scene-Programme der D600 eine sehr wertvolle Hilfe, wie ich finde. Ich oute mich an dieser Stelle: Ich greife ab und zu auf die Scene-Programme zurück, insbesondere dann, wenn es mal schnell gehen muss. Denn die Voreinstellungen, die die Kamera in einem Scene-Programm selbständig trifft, sind nicht nur sinnvoll, sondern auch sehr lehrreich. Wenn Sie den Scene-Programmen aufmerksam „zuhören", absolvieren Sie beim Fotografieren mit der D600 nebenbei und auf spielerische Art eine wirklich gute Fotoschule!

Vollautomatik

Auf dem Funktionswählrad der D600 finden Sie neben der „SCENE"-Einstellung zwei weitere Aufnahmemodi, zu denen wir einen kurzen Abstecher machen, bevor wir zu den Scene-Programmen selbst kommen. Die auffälligste, weil als einzige grün eingefärbte Einstellung hat ein kleines Kamera-Symbol und die Beschriftung „Auto": Die Vollautomatik. Sie wird wegen ihres grünen Symbols auch etwas verächtlich „Grüne Welle" genannt. Damit lässt sich die D600 wie eine Kompaktkamera handhaben: Draufhalten, abdrücken, den Rest erledigt die Kamera.

Das ist zwar sehr bequem, zumal dank der „Intelligenz" der Kamera in vielen Fällen durchaus ansehnliche Fotos dabei entstehen können; zumindest, was die technische Seite angeht. Doch ist die Vollautomatik nicht nur wenig kreativ, sondern macht auch wenig Spaß. Und, Hand aufs Herz: Haben Sie sich eine Spiegelreflex gekauft, um SO zu fotografieren? Das kann ich mir nicht vorstellen. Daher mein Rat: Vergessen Sie die Vollautomatik, ignorieren Sie sie einfach. Mit einer Ausnahme: Wenn ihr kleines Kind, der Opa oder die Tante auf einer Familienfeier auch mal ein Foto schießen möchten, dann ist die Vollautomatik gut geeignet.

Vollautomatik (Blitz aus)

Hier handelt es sich ebenfalls um die „Grüne Welle". Der wesentliche Unterschied: Während die D600 bei der Vollautomatik selbständig den eingebauten Blitz ausklappt und aktiviert, wenn die Lichtverhältnisse es erfordern, wird der Blitz in dieser Einstellung unterdrückt.

Die Scene-Programme

Nikon stattet die D600 mit satten 19 Scene-Programmen aus. Ich muss zugeben: Für meinen persönlichen Geschmack hätten es ruhig auch ein paar weniger sein können. Ich bin der Ansicht, dass zuviel Auswahl mehr verwirrt als hilft, zumal sich einige Scene-Programme etwas überschneiden. So schlimm finde ich die große Auswahl dann aber auch wieder nicht: Dass ein bestimmtes Scene-Programm in der Kamera vorhanden ist, bedeutet ja nicht zwingend, dass Sie es auch benutzen müssen...

Die Aktivierung des Scene-Modus und die Auswahl der zum Motiv passenden Voreinstellung geschehen denkbar einfach: Sie stellen das oben links auf der Kamera liegende Funktionswählrad auf „SCENE"; dabei muss der Entriegelungsknopf in der Mitte des Funktionswählrads gedrückt gehalten werden. Ist „SCENE" eingestellt, können Sie mit dem hinteren Einstellrad durch einfaches Drehen den gewünschten Scene-Modus auswählen; die Auswahl wird Ihnen auf dem rückseitigen Farbdisplay angezeigt.

Während des Fotografierens mit dem Scene-Modus reicht ein kurzer Dreh am hinteren Einstellrad, um schnell zwischen den verschiedenen Modi zu wechseln. Das vordere Einstellrad hat bei „SCENE" übrigens keine Funktion.

Die ersten Fotos

Porträt

Obwohl man es nicht auf den ersten Blick wahrnimmt, stellt die Kamera im Porträt-Modus eine ganze Menge Parameter ein, um die D600 bestmöglich auf Personenaufnahmen vorzubereiten. Das Hilfsmenü erklärt bereits die wesentlichen Dinge: Die Kamera versucht stets, eine möglichst große Blendenöffnung einzustellen. Das bedeutet, dass der Bereich, in dem das Foto scharf ist, ziemlich eng gehalten wird. Genau so möchte man es in der Regel bei Porträts ja auch haben, damit sich die Person vom (unscharfen) Hintergrund abhebt und somit plastisch erscheint.

Zudem optimiert die Kamera ihre Farbsensibilität besonders auf Hauttöne, sodass diese möglichst natürlich erscheinen. Ferner nimmt Sie die Bildschärfe und den Kontrast etwas zurück und wird versuchen, das Gesicht ganz leicht überzubelichten; diese Maßnahmen verleihen der Haut eine glattere und „fältchenfreundliche" Anmutung. Die Autofokus-Automatik (AF-A) ist ebenso aktiviert wie die automatische Messfeldauswahl; beides soll das Fokussieren erleichtern.

Landschaft

Erneut finde ich es recht interessant zu sehen, welche Voreinstellungen die Kamera wählt: Der interne Blitz sowie das Autofokus-Hilfslicht werden deaktiviert. Das macht auch absolut Sinn, denn das Landschaftsprogramm ist für Aufnahmen bei (ausreichendem) Tageslicht gedacht, sodass beide Licht-Hilfsmittel nicht benötigt werden. Im Gegensatz zum Porträt-Programm wird die Farbsensibilität hier natürlich nicht auf Hauttöne, sondern auf die in der Natur sehr häufig vorkommenden Farben Grün (Wälder, Wiesen) und Blau (Himmel, Wasser) abgestimmt.

Abgestimmt bedeutet übrigens in diesem Fall, dass die Kamera diese beiden Farben etwas „aufdreht", damit der Himmel in kräftigem Blau und die Wiese „saftig grün" aufgenommen werden. Der Kontrast und die Bildschärfe werden ebenfalls etwas angehoben, damit die Fotos einerseits knackiger werden und auf der anderen Seite auch feinste Details zeigen. Zudem schließt die Kamera die Blende so weit wie möglich, um eine große Schärfentiefe zu erzielen.

Die ersten Fotos

Kinder

Hierbei handelt es sich um eine Voreinstellung, die sich seit einiger Zeit im Funktionsumfang aller neueren Amateur-Kameras von Nikon befindet. Wozu ein eigenes Scene-Programm für Kinder, mag man sich fragen, aber die Benutzung dieses Motivprogramms ist nicht nur für Eltern interessant, wie ich Ihnen gerne zeigen möchte. Kinder sind immer in Bewegung. Da könnte man natürlich genauso gut auf das Sportprogramm (Erklärung im nächsten Abschnitt) zurückgreifen, könnte man denken. Das stimmt in gewisser Weise auch, da sowohl das Kinder- als auch das Sportprogramm versuchen, eine möglichst kurze Belichtungszeit zu erreichen, damit die schnellen Bewegungen des Motivs scharf eingefangen werden können.

Darüber hinaus nimmt das Kinderprogramm jedoch noch weitere Einstellungen vor, die dem Sportprogramm fehlen. Da wäre zunächst die erhöhte Farbsättigung, die die Farben Rot, Grün und Blau kräftig leuchten lässt. So kommt der neue Pullover oder die bunte Hose des Kindes richtig schön zur Geltung, was den meisten Eltern gut gefällt. Ferner legt das Kinderprogramm aber gleichzeitig auch Wert darauf, dass die Hauttöne optimal im Sinne von natürlich erscheinen. So ähnlich, wie es auch das Porträtprogramm macht. Vereinfacht formuliert ist das Kinderprogramm also eine Mischung aus Sport und Porträt und damit eines der komplexeren Motivprogramme. Wenn Sie noch nicht so erfahren sind, ist das Kinderprogramm auch gut für Fotos von einzelnen Personen wie auch Personengruppen geeignet.

Das Landschaftsprogramm war für dieses idyllische Motiv das passende: Die Wiese leuchtet in schönen kräftigen Farben.

▶ ISO 400, 70mm, f/9, 1/160s
▷ AF-S Nikkor 24-70mm 1:2.8G ED
▶ DX-Bildfeld; entspricht 105mm

Sport

Das Symbol gibt bereits einen eindeutigen Hinweis auf die Funktion dieses Programms: Es ist für Motive gedacht, die sich mehr oder weniger schnell in Bewegung befinden. Dazu zählen natürlich Sportler, etwa beim Fußball oder beim Handball. Aber auch Auto- und Pferderennen sowie alle anderen Arten der sportlichen Betätigung werden von diesem Motivprogramm gut abgedeckt. Doch halt: Gerade die Sport-Einstellung sollte man nicht so eng auslegen, denn sie eignet sich noch für eine ganze Menge anderer Motive, die mit Sport nur wenig oder gar nichts gemein haben – außer der schnellen Bewegung. Da wäre zum Beispiel das Fotografieren eines Hochgeschwindigkeitszugs, der eindrucksvoll durch die Landschaft rast, Aufnahmen von sich schnell bewegenden Tieren im Zoo oder auf der Urlaubsreise von den ständig über dem Strand kreisenden Möwen.

Eine der Einstellungen, die die Kamera dazu selbständig vornimmt, ist offensichtlich: Sie versucht stets die kürzest mögliche Belichtungszeit zu erzielen, denn nur so kann man schnelle Bewegungen auch scharf fotografieren. Dazu ist standardmäßig die ISO-Automatik aktiviert, die die Empfindlichkeit der Kamera immer dann selbständig nach oben regelt, wenn die Belichtungszeit für ein scharfes Foto zu lang zu werden droht. Beim Autofokus stellt sich die D600 auf AF-A (automatischer Wechsel zwischen Einzelfokus und nachführendem Fokus) ein, was sinnvoll ist. Zudem wird die dynamische Autofokus-Messfeldsteuerung eingeschaltet, die ich bei Sportaufnahmen ebenfalls für sehr empfehlenswert halte. Der Blitz ist abgeschaltet, und das ist auch gut so, denn mit einem Blitz zu arbeiten, wäre kontraproduktiv.

Nahaufnahme (Makro)

Die Makrofotografie gehört zu den beliebtesten Kategorien der Foto-Amateure. Logisch, dass die D600 deshalb, wie die meisten anderen Kameras auch, das entsprechende Motivprogramm aufzuweisen hat. Richtig Sinn machen Makrofotos aber nur, wenn man auch das entsprechende Objektiv verwendet, denn nur ausgewiesene Makro-Objektive erlauben es durch ihre geringe Naheinstellgrenze, auch sehr nah an das (meist kleine) Objekt des Interesses heranzugehen.

Die ersten Fotos

Obwohl das Makro-Programm die optimalen Voreinstellungen selbständig aktiviert, bedeutet dies nicht, dass man damit Makros „mal eben so aus der Hüfte" schießen könnte. Denn trotz Makro-Modus bedarf es einiger weiterer Vorbereitungen, die aber nur von Ihnen selbst getroffen werden können. Was damit gemeint ist, wird schnell klar, wenn Sie sich ansehen, welche Einstellungen die Kamera vornimmt. So versucht sie eine möglichst offene Blende zu wählen, damit sich das Motiv gut vom Hintergrund abhebt. Das heißt aber auch, dass der Bereich der Schärfentiefe extrem klein ist, was ein äußerst sorgfältiges Fokussieren voraussetzt. Dies wird aus der Hand aber kaum gelingen; deshalb ist ein Stativ für Makros oberste Pflicht. Der Fokus steht standardmäßig auf der Einzelfeld-Messfeldsteuerung; bei Makros ist das die einzig richtige Wahl. Dazu ist es aber wiederum erforderlich, dass die Kamera absolut ruhig und sicher steht – erneut erweist sich das Stativ als unumgänglich.

Beim Autofokus ist die Autofokus-Automatik (AF-A) aktiv; Sie können aber auch auf den manuellen Fokus umschalten. Das ist auch meine Empfehlung für die Makrofotografie, denn Sie haben ja (bei den meisten Motiven) Zeit genug, um exakt per Hand „auf den Punkt" zu fokussieren. Den Blitz stellt die Kamera standardmäßig ebenfalls auf Automatik. Davon rate ich hingegen ab: Das Motiv ist meist so nah, dass der interne Blitz sehr unschöne Lichtflecken auf der Oberfläche verursachen würde, und es kann zu Abschattungen durch das Objektiv kommen. Besser ist es, Sie sorgen für ausreichendes Umgebungslicht, wenn machbar, oder Sie verwenden einen Aufsteckblitz.

Ein scharfes Makro aus der Hand zu schießen, ist reine Glücksache. Besser, Sie verwenden dazu ein solides Stativ.

▶ ISO 100, 60mm, f/2,8, 1/800s
▷ AF-S Micro Nikkor 60mm 1:2.8G ED

Die ersten Fotos

Nachtporträt

Ein Motivprogramm, das sich erst bei den jüngsten Spiegelreflex-Amateur-Modellen von Nikon findet. Aber ein sehr nützliches, wie ich meine, weshalb ich die Erweiterung der bisherigen Motivprogramme um diese Variante begrüße. Die Funktion dieser Voreinstellung lässt sich wieder sehr gut am Namen erkennen: Möchte man am späteren Abend, in der Nacht oder am frühen Morgen – also nicht ausschließlich in der Nacht, sondern immer dann, wenn das Umgebungslicht sehr dunkel ist! – eine Person vor einem (meist) künstlich erleuchteten Hintergrund ablichten, ist dieses Motivprogramm äußerst hilfreich.

Die Kamera wendet dabei einen Trick an: Sie misst das Umgebungslicht und stellt die Belichtung darauf passend ein. Beim Betätigen des Auslösers erfolgt die Aufnahme daher zunächst auch ohne Auslösen des Blitzes, damit der Hintergrund richtig belichtet wird. Erst kurz vor Schluss der Belichtungszeit feuert die D600 einen Blitz ab, der so berechnet ist, dass er nur das Hauptmotiv im Vordergrund – die Person – passend aufhellt. Damit schafft die Kamera den Spagat: Sowohl die Person im Vordergrund als auch der Hintergrund sind gleichermaßen passend belichtet.

Da die für den dunklen Hintergrund passende Belichtungszeit in aller Regel relativ lang ausfällt, ist auch für dieses Motivprogramm ein Stativ oder zumindest eine absolut feste Unterlage wie zum Beispiel eine Mauer zwingend erforderlich, da das Foto ansonsten unweigerlich verwackelt wäre. Die standardmäßigen Voreinstellungen der Kamera sind aus meiner Sicht nicht zu beanstanden oder zu verbessern, sodass ich Ihnen im Fall dieses Motivprogramms dazu rate, sie ohne Änderungen anzuwenden.

Nachtaufnahme

Macht man eine Städtetour, so gehören nächtliche Szenen mit angeleuchteten Sehenswürdigkeiten oder bunten Leuchtreklamen oft zu den schönsten Motiven. Genau dazu ist dieses Scene-Programm gedacht. Der Blitz wird ebenso deaktiviert wie das Autofokus-Hilfslicht; beides ist sinnvoll. Die Kamera versucht darüber hinaus, eine möglichst weit geschlossene Blende zu erreichen, damit eine große Schärfentiefe erzielt werden kann. Dazu regelt sie mittels der ISO-Automatik die Empfindlichkeit des Sensors recht weit nach oben, sodass gleichzeitig eine möglichst kurze Belichtungszeit erreicht wird. Doch Vorsicht: Dies gelingt je nach den vorherrschenden Lichtverhältnissen nicht immer in ausreichendem Maße, sodass Sie sich auch für diese Motivart besser auf die Mitnahme eines Stativs einstellen sollten.

Bei der Belichtungsmessung und -Steuerung richtet sich die D600 darauf ein, viele Spitzlichter – also Licht, das mehr oder weniger grell von punkt- oder linienförmigen Quellen ausgesandt wird – im Motiv vorzufinden. Dabei versucht sie, sich davon nicht aus dem Tritt bringen zu lassen und regelt die Belichtung so, dass die Spitzlichter möglichst nicht überstrahlen, die dunklen Bildpartien aber gleichzeitig auch nicht „absaufen". Zudem stellt sie den automatischen Weißabgleich auf die Einstellung „Auto2" ein, was eine wärmere Lichtstimmung erzeugt (dazu später mehr) und somit dem eher kühlen Licht künstlicher Lichtquellen entgegen wirkt.

Nicht nur für nächtliche Stadtszenen, auch für Fotos von (künstlich) beleuchteten Einkaufspassagen eignet sich das Scene-Programm „Nachtaufnahme" vorzüglich.

▶ *ISO 1.800, 16mm, f/8, 1/50s*
▷ *AF-S Nikkor 16-35mm 1:4G ED VR*

Innenaufnahme

Eine wirklich gute und sinnvolle Voreinstellung um Feiern, Familienfeste oder auch ein gemütliches Beisammensein der Familie einfach und gut festzuhalten. Die Kamera stellt wieder die warme Lichtstimmung „Auto2" ein, was ich als sinnvoll ansehe, denn so wird die Szenerie in freundliches Licht getaucht. Die Autofokus-Automatik ist ebenso aktiviert wie die automatische Messfeldwahl, was mir ebenfalls passend erscheint. Der Blitz aktiviert sich bei Bedarf automatisch, aber mit einer kleinen Besonderheit: Die „Rote-Augen"-Unterdrückung ist aktiv. Rote Augen entstehen beim Blitzen immer dann, wenn das Blitzlicht direkt von vorne auf das Auge fällt, da sich die Pupille nicht schnell genug zusammenziehen kann. Dem wirkt die D600 mit einem vor der Aufnahme ausgesandten Licht entgegen, das von der kleinen Leuchtdiode ausgesandt wird, die gleichzeitig auch als Autofokus-Hilfslicht dient. Beachten Sie bitte, dass es dadurch zwischen dem Auslösen und der eigentlichen Aufnahme einen kleinen Moment dauert, bis das Bild im Kasten ist.

Strand / Schnee

Hm, eine eigene Einstellung für Strand- oder Schneefotos? Ja, und sie gehört zu denen, die ich Ihnen für genau diese Motive wärmstens ans Herz legen möchte. Fotos am Urlaubsstrand oder auf schneebedeckten Bergen sind für eine Digitalkamera respektive deren Belichtungsmesssystem sehr schwierig zu meistern. Der Grund: Sowohl heller Sand, als auch große Wasserflächen (das Meer hinter dem Strand) sowie weißer Schnee reflektieren das Sonnenlicht extrem stark. Deshalb „sieht" die Kamera sehr viel Licht und versucht im Normalfall, dem grellen Licht durch ein entsprechendes Herunterregeln der Belichtung entgegen zu wirken.

Ist jedoch dieses Scene-Programm aktiv, weiss die D600, dass sie sich durch die Helligkeit nicht täuschen lassen darf. Sie wird die Belichtung deshalb entsprechend weniger tief herunterregeln, sodass die Aufnahme deutlich bessere Chancen auf eine korrekte Belichtung bekommt. Darüber hinaus sättigt die Kamera die Farben wie beim Landschaftsprogramm, sodass Blau (Himmel, Wasser) mit einem angenehm satten Farbton aufgenommen wird.

Sonnenuntergang

Ähnlich wie bei Strand- und Schnee-Aufnahmen ist auch ein Sonnenuntergang für eine Digitalkamera schwierig einzufangen. Auch hier wird das Belichtungsmesssystem normalerweise durch einen hohen Lichtanteil – den grellen „Ball"

Die ersten Fotos

der Sonne – getäuscht, und würde deshalb wieder viel zu stark herunterregeln, sodass die am Aufnahmeort herrschende Stimmung zerstört würde. Die D600 wird also auch hier darauf vorbereitet, nicht so weit herunter zu regeln. Warum dann aber nicht das Strand-/Schnee-Programm benutzen? Weil es einen wesentlichen Unterschied gibt. Bei einem Sonnenuntergang ist nicht nur das grelle Licht das Problem, sondern auch, dass der Anteil an rötlichem Licht sehr viel höher ausfällt, als dies bei normalem Tageslicht der Fall ist. Dem würde die Kamera normalerweise ebenfalls entgegen wirken, indem sie den Weißabgleich entsprechend anpasst, was sich in diesem Fall aber kontraproduktiv auswirken würde: Auch dann wäre die Lichtstimmung zerstört. Damit dies nicht passiert, stellt sich die D600 selbständig auf die feste Weißabgleichseinstellung „Sonnenlicht" ein, statt den Weißabgleich automatisch zu regeln.

Nebenstehend sehen Sie zwei Versionen eines Motivs. Die obere Version wurde im Programmmodus ohne weitere Korrekturen aufgenommen. Den Weißabgleich hat die Kamera so geregelt, dass die weißen Wände der Villa auf dem Foto auch tatsächlich weiß wiedergegeben werden. Durch die Lichtreflexionen fällt die Belichtung etwas zu dunkel aus. Dennoch hat sie im Prinzip alles richtig gemacht – sie kann ja nicht wissen, worauf es mir ankommt.

Am Aufnahmeort ging jedoch gerade sie Sonne unter, die die Villa in goldgelbes Licht tauchte, und genau das sollte natürlich auch festgehalten werden. Diese Stimmung ist im oberen Foto aber nicht vorhanden; sie ist fortkorrigiert. Die untere Version hingegen, mit dem Scene-Programm „Sonnenuntergang" fotografiert, zeigt die Lichtstimmung genau so, wie sie zum Zeitpunkt der Aufnahme auch tatsächlich gegeben war.

Die ersten Fotos

Dämmerung

Dieses Scene-Programm können wir recht kurz abhandeln: Es funktioniert prinzipiell exakt gleich zum Sonnenuntergangs-Programm. Hier dreht es sich jedoch um Fotos, die zu einer Tageszeit geschossen werden, wenn die blauen Anteile des Lichts sehr hoch sind. Also in der Dämmerung, wenn die Sonne bereits untergegangen ist (auch „Blaue Stunde" genannt), oder auch kurz bevor die Sonne aufgeht. Die D600 stellt sich hierzu automatisch auf einen festen Kelvin-Wert (Maßeinheit für die Lichttemperatur) ein, der der „Blauen Stunde" bestmöglich entspricht.

Tiere

Ganz ehrlich: Dieses Motivprogramm fällt für mich in die Rubrik „Kann man haben, muss man aber nicht." Prinzipiell baut es auf dem Sportprogramm auf: Die Kamera versucht stets eine möglichst kurze Verschlusszeit zu erreichen, damit das (sich bewegende) Tier scharf eingefangen wird. Das Autofokus-Hilfslicht bleibt ausgeschaltet, um das Tier nicht durch sein Geblinke zu verschrecken. Im Gegensatz zum Sportprogramm, das den eingebauten Blitz abschaltet, ist er hier jedoch in der Automatik aktiv, um gegebenenfalls unterstützend tätig zu sein. Das macht für mich keinen rechten Sinn: Spätestens nach dem ersten „Blitzlichtgewitter" dürften die meisten Tiere trotzdem das Weite suchen. Ich empfehle: Nehmen Sie für Tieraufnahmen das Sportprogramm.

Für herumtollende Tiere ziehe ich das Sportprogramm dem „Tiere"-Programm vor. Die Ergebnisse sind meist ausgezeichnet.

▶ *ISO 125, 180mm, f/8, 1/500s*
▷ *AF-S Nikkor 70-200mm 1:2.8G II ED VR*

Die ersten Fotos

Kerzenlicht

Der Sinn dieses Scene-Programms erschließt sich von selbst: Fotos bei Kerzenlicht sollen mit einer dem Motiv entsprechenden Lichtstimmung festgehalten werden; ähnlich, wie es auch bei Strand / Schnee, Sonnenuntergang und Dämmerung der Fall ist. Der Blitz bleibt natürlich ausgeschaltet. Da eine Kerzenlichtaufnahme in der Regel aber auch mit vergleichsweise wenig Licht einher geht, dürfte die Belichtungszeit sich meistens jenseits dessen bewegen, was noch aus der freien Hand zu schießen ist: Ein Stativ ist zwingend notwendig, um scharfe Aufnahmen zu erzielen.

Genau wie beim Dämmerungsprogramm stellt die D600 automatisch einen festen Kelvin-Wert ein, der auf die Lichttemperatur einer Kerze geeicht ist. Eine Besonderheit muss noch erwähnt werden: Im Gegensatz zu fast allen anderen Scene-Programmen ist die automatische Wahl des Fokusmesspunktes nicht aktiv, sondern nur ein einzelner Fokuspunkt, den Sie selbst auswählen können und müssen.

Blüten

Auch bei diesem Scene-Programm möchte ich kein Blatt vor den Mund nehmen: Braucht man eigentlich nicht, denn auch für Fotos von blühenden Blumen ist das Landschaftsprogramm bestens geeignet. Im Gegensatz zu diesem hebt das Blüten-Programm jedoch nicht nur Grün und Blau, sondern auch Gelb und Rot etwas an. Probieren Sie es am besten einmal selbst aus, ob Ihnen diese Einstellung zusagt.

Herbstfarben

Selbst auf die Gefahr hin dass Sie mich für einen notorischen Nörgler halten könnten: Auch „Herbstfarben" würde ich nicht unbedingt vermissen, wenn Nikon es weggelassen hätte. Dennoch sei seine Wirkung beschrieben: Rot- und Gelbtöne werden besonders betont, zudem wird die „Vivid"-Einstellung bei Picture Control (dazu später mehr) aktiviert, die die Farben von Haus aus schon sehr stark „anzieht". Da ich Ihnen aber nicht meine Meinung aufzwingen möchte, rate ich Ihnen auch diesmal, diese Einstellung bei Gelegenheit selbst auszuprobieren und dann zu entscheiden.

Die ersten Fotos

Food

Auch wenn man das liebevoll selbst gekochte Menü oder das geschmackvoll aufgetischte Essen beim Nobel-Italiener ablichten möchte, lässt einen die D600 nicht im Stich. Die Voreinstellungen sind laut Nikon auf die typischen Farben von Lebensmitteln optimiert (Fleisch, Gemüse etc.). Ich habe das allerdings noch nie nachgeprüft, womit Sie gleichzeitig auch meine Einschätzung über die Notwendigkeit und Wichtigkeit dieses Scene-Programms erahnen dürften…

Silhouette

Dieses Menüprogramm macht aus meiner persönlichen Sicht schon deutlich mehr Sinn. Zwar kann man dessen Ziel, Motive im Gegenlicht als dunkle Silhouette vor einem hellen Hintergrund abzubilden, auch händisch durch eine absichtlich eingestellte Unterbelichtung erreichen. Aber falls Sie noch nicht so erfahren sind, oder wenn es mal schnell gehen muss, ist diese Voreinstellung durchaus zu gebrauchen.

Voreingestellt ist der Picture Style „Landschaft", was meistens sehr gut zur Szenerie passt. Weiterhin wird die Kamera das Motiv deutlich unterbelichten, damit es zum Silhouetten-Effekt kommt. Wie zuvor schon beschrieben, funktioniert dies aber nur dann wirklich gut, wenn das Motiv deutlich dunkler ist als der Hintergrund, und sich im Gegenlicht befindet, was normalerweise ja weniger optimal ist. Mit etwas Überlegung eingesetzt, lassen sich mit diesem Scene-Programm wirklich nette Effekte realisieren.

Das Scene-Programm „Silhouette" kann prima dabei helfen, auf einer Städtetour auch ein paar außergewöhnliche Fotos zu schießen.

▶ *ISO 200, 24mm, f/8, 1/1.250s*
▷ *AF-S Nikkor 24-70mm 1:2.8G ED*

Die ersten Fotos

Low Key / High Key

Dies sind die letzten beiden Voreinstellungen des Scene-Modus. Erstere erzeugt (absichtlich) stark unterbelichtete Fotos, die düster und dramatisch wirken. Letztere hingegen macht das Gegenteil: Die Fotos werden stark überbelichtet, was ihnen einen weichen und märchenhaften Charakter verleiht. Beide Scene-Programme funktionieren gut, und beide haben meiner Meinung nach ihre Daseinsberechtigung. Die Wirkung hängt jedoch in beiden Fällen stark vom Motiv ab. Hier heisst es also ausprobieren, bis die Sache „sitzt".

Das Denkmal von König Otto von Griechenland am Rathausplatz von Ottobrunn. Unschwer zu erkennen: Links handelt es sich um die „Low Key"-Version, beim rechten Bild um „High Key". Ob und wie diese Scene-Programme wirken, hängt sehr stark vom jeweiligen Motiv ab.

Legen Sie das Buch nun bitte beiseite

Eine ungewöhnliche Aufforderung für ein Kamerabuch? Vielleicht. Aber ich meine es durchaus ernst. Theoretisch angeeignetes Wissen (zum Beispiel mit diesem Buch) ist wertvoll und kann die praktische Erfahrung gut unterstützen – aber niemals ersetzen. Mit den Scene-Programmen, die Sie nun schon alle kennen, können Sie nahezu jedes Motiv gut in Szene setzen. Deshalb meine Bitte: Nehmen Sie Ihre D600, spielen Sie mit den Motivprogrammen herum, erforschen Sie die Kamera, setzen Sie das bisher Gelesene in die Praxis um, kurzum: Fotografieren Sie! Lassen Sie sich dazu genug Zeit – ich freue mich schon auf Ihre Rückkehr.

Aufnahmemodi

Die klassischen Aufnahmemodi

Nikon hat die D600 zweifellos für engagierte Amateurfotografen konzipiert. Dabei muss der Hersteller eine Art Spagat vollführen: Für den weniger erfahrenen Ein- und Umsteiger in die Spiegelreflexfotografie muss die Kamera einfach genug zu bedienen sein und ausreichend Hilfestellungen, zum Beispiel in Form von Motivprogrammen, vorweisen können. Auf der anderen Seite muss die Kamera auch für den fortgeschrittenen Fotografen interessant sein; die klassischen Betriebsarten dürfen deshalb nicht fehlen.

Bei den klassischen Modi leistet die Kamera allerdings, anders als bei der Verwendung der Scene-Programme, (nahezu) keine Hilfestellung. Wenn Sie sich im Laufe der Zeit – egal, ob mit Hilfe der „Scenes" oder ohne – einen gewissen Kenntnisstand über die technischen Grundlagen und Zusammenhänge der Fotografie erarbeitet haben, dürfte das Fotografieren nach klassischer Art aber gerade deshalb für Sie um so interessanter sein: Sie allein bestimmen (weitestgehend) die Einstellungen, sodass Ihrer Kreativität nahezu keine Grenzen gesetzt sind. Das ist auf Dauer sehr viel befriedigender als alles andere – finde ich jedenfalls.

Programmautomatik (P)

Prinzipiell ist diese Einstellung eine Vollautomatik; sie basiert auf derselben Steuerungsmethode wie die „Auto"- Einstellung mit dem grünen Symbol. Doch im Gegensatz zur „Grünen Welle" haben Sie hier weitreichende Einflussmöglichkeiten auf Blende und Verschlusszeit. Die Kamera wählt die Belichtungszeit und die Blende zunächst selbständig aus. Dabei orientiert sie sich am verwendeten Objektiv und der Umgebungshelligkeit und versucht, durch eine sinnvolle Kombination beider Aufnahmeparameter ein korrekt belichtetes Foto zu erzeugen, was in den meisten Fällen gelingt.

Durch Drehen des hinteren Einstellrads können Sie die Blenden- / Zeit-Kombination aber auch nach Ihren persönlichen Wünschen anpassen; des nennt sich auf Englisch „program shift", was man am ehesten mit „Programmwechsel" übersetzen könnte. Benötigen Sie also eine geschlossenere oder eine offenere Blende, so drehen Sie das Einstellrad in die je-

Klassische Aufnahmemodi

Haben Sie die Programmautomatik „geshiftet", erscheint ein kleines Sternchen neben dem „P".

weilige Richtung, bis der Wert passt. Genauso gehen Sie natürlich auch dann vor, wenn Sie eine ganz bestimmte Verschlusszeit erzielen möchten. Wenn Sie eine Verstellung mittels des hinteren Einstellrads vornehmen, signalisiert die Kamera dies auf der Informationsanzeige des rückseitigen Farbdisplays mit einem Sternchen neben dem „P"-Symbol. So werden Sie stets daran erinnert, dass Sie von den Einstellungen, die die Kamera als die passenden vorgeschlagen hat, manuell abgewichen sind.

Das Praktische an der Programmautomatik: Ohne zusätzlich Tasten oder Schalter zu betätigen, können Sie mit einem einfachen Dreh am hinteren Einstellrad entweder die passende Blende oder die gewünschte Verschlusszeit einstellen; je nachdem, was für die momentane Aufnahmesituation das wichtigere Kriterium darstellt. Die Programmautomatik ist quasi eine Kombination aus Zeit- und Blendenautomatik, weshalb sie bei vielen Amateurfotografen als Standardeinstellung sehr beliebt ist.

Bei diesem Motiv habe ich die von der Programmautomatik vorgeschlagenen Werte für Blende und Zeit ohne Änderungen übernommen. Das Ergebnis ist einwandfrei.

▶ *ISO 400, 24mm, f/9, 1/125s*
▷ *AF-S Nikkor 24-70mm 1:2.8G ED*

Zeitvorwahl oder Blendenautomatik (S)

Das „S" steht für den englischen Begriff „shutter", der „Verschluss" bedeutet, und in diesem Zusammenhang die Verschlusszeit (auch Belichtungszeit genannt) meint. Wenn Sie das hintere Einstellrad bei der Zeitvorwahl drehen, stellen Sie damit die Belichtungszeit manuell nach Bedarf ein; die Kamera wählt automatisch die für eine korrekte Belichtung passende Blende dazu aus.

Klassische Aufnahmemodi

Diese Halbautomatik eignet sich deshalb besonders dann, wenn die Belichtungszeit für das Motiv wichtiger ist als die Blendenöffnung. Vergleichen Sie es bitte mit dem Scene-Programm „Sport": Die Kamera kümmert sich auch dort vorrangig um die Verschlusszeit, damit schnell bewegte Motive scharf eingefangen werden. Den Effekt des Einfrierens schneller Bewegungen können Sie mit der Zeitvorwahl also genauso erzielen wie mit dem Sportprogramm, wenn Sie eine entsprechend kurze Verschlusszeit auswählen.

Doch die Zeitvorwahl können Sie auch genau anders herum einsetzen. Um eine Bewegung im Foto darzustellen, kommt es nicht auf eine möglichst kurze, sondern auf eine ausreichend lange Belichtungszeit an, um die gewünschte Bildanmutung beziehungsweise den gewollten Effekt zu erreichen.

In diesem Foto wollte ich die Bewegung des Wassers einfrieren. Deshalb habe ich im Modus „S" mit dem hinteren Einstellrad 1/2.000 Sekunde eingestellt.

▶ ISO 1.000, 70mm, f/5,6, 1/1.000s
▷ AF-S Nikkor 24-70mm 1:2.8G ED

Blendenvorwahl oder Zeitautomatik (A)

„Aperture" ist das englische Wort, von dem sich das „A"-Symbol auf dem Programmrad herleitet; in der Fotografie lautet die deutsche Bedeutung „Blende" (auch „Blendeneinstellung" oder „Blendenöffnung"). Wenn Sie in dieser Betriebsart am vorderen Einstellrad drehen, wählen Sie manuell die Blende aus, die Kamera kümmert sich automatisch um die dazu passende Verschlusszeit.

Ganz im Gegensatz zur Zeitvorwahl ist die Blendenvorwahl also der Aufnahmemodus, wenn eine bestimmte Blende –

und damit auch eine bestimmte Schärfentiefe – für das Foto wichtiger ist als die Verschlusszeit. Das erinnert an das Scene-Programm „Porträt": Hier versucht die Kamera stets, eine möglichst offene Blende einzustellen, damit sich die fotografierte Person (oder auch ein anderes Motiv) möglichst plastisch vom Hintergrund abhebt, um Dreidimensionalität zu schaffen.

Da Sie bei der Blendenvorwahl die Blende völlig frei wählen können, eignet sich diese Betriebsart aber nicht nur für Motive, die einen engen Schärfebereich benötigen. Auch das genaue Gegenteil, also eine große Schärfentiefe, lässt sich so einstellen, wie es etwa für Landschafts- oder Architekturfotos in den meisten Fällen gewünscht wird, und wie es auch das Scene-Programm „Landschaft" handhabt.

Dieses Motiv erfordert eine möglichst große Schärfentiefe. Ich habe deshalb mit der Blendenvorwahl Blende 16 gewählt.

▶ *ISO 400, 24mm, f/16, 1/50s*
▷ *AF-S Nikkor 24-70mm 1:2.8G ED*

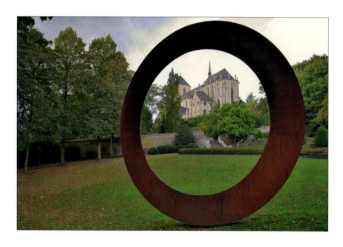

Trauen Sie sich ruhig...

Auch wenn Sie vielleicht noch nicht so erfahren sind, sollten Sie sich neben den Scene-Programmen ruhig auch an die klassischen Aufnahmemodi heranwagen. Was Sie dabei jedoch bedenken müssen: Die Kamera wird Ihnen nicht helfen, keine Voreinstellungen selbständig vornehmen und Ihnen auch nichts „verbieten". Haben Sie also völlig falsche Einstellungen gewählt, die zu einer Fehlbelichtung führen werden, so lässt die D600 Sie trotzdem das Foto schießen. Orientieren Sie sich daher anfangs, bis Sie ausreichend Sicherheit gewonnen haben, an den Scene-Programmen.

Klassische Aufnahmemodi

Schauen Sie sich an der Kamera oder hier im Buch an, welche Einstellungen das entsprechende Scene-Programm auswählen würde, und ahmen Sie das Scene-Programm quasi händisch nach, dann kommen Sie auch mit den klassischen Modi sehr schnell zum Erfolg.

Etwas Hilfe gibt's dennoch bei den klassischen Modi

Die im Absatz zuvor aufgestellte Behauptung, die D600 helfe Ihnen bei den klassischen Aufnahmemodi nicht, ist so nicht ganz präzise. Denn auch hier bietet die Kamera Ihnen eine gewisse Hilfestellung. Ist die Programmautomatik eingestellt, können Sie deren Voreinstellungen, wie schon beschrieben, mit einem Dreh am hinteren Einstellrad variieren.

Sie werden jedoch feststellen: Je nach den vorherrschenden Lichtverhältnissen sind die Blenden- / Zeit-Kombinationen, unter denen Sie auswählen können, unterschiedlich breit gefächert. Anders herum ausgedrückt: Möchten Sie die Programmautomatik „shiften", so bietet die D600 Ihnen nur solche Kombinationen an, die bei der momentanen Aufnahmesituation auch zu einem korrekt belichteten Foto führen. Deshalb können Sie mit der Programmautomatik nach Herzenslust herumexperimentieren, denn Fehlbelichtungen werden von der D600 stillschweigend verhindert.

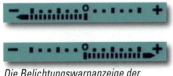

Die Belichtungswarnanzeige der D600 erscheint sowohl im Sucher als auch auf dem rückseitigen Farbdisplay. Beim oberen Beispiel wäre das Foto stark unterbelichtet, unten wäre eine starke Überbelichtung zu verzeichnen.

Fotografieren Sie hingegen mit der Blenden- oder der Zeitvorwahl, so sind sehr wohl falsch belichtete Fotos möglich, da die Kamera die Auswahlmöglichkeiten für Blende oder Zeit in diesen Fällen nicht einschränkt. Hilfestellung gibt es aber auch hier: Bei diesen beiden Modi sollten Sie die Anzeigen im Sucher oder auf dem rückseitigen Informationsdisplay sehr genau beobachten. Dort erscheint in diesen beiden Aufnahmemodi eine Skala, die über die Belichtungssituation informiert (siehe Abbildungen links). Die Aussage dieser Anzeige ist nicht schwer zu erraten: Zeigt der Balken mit dem Pfeil in Richtung des Minus-Symbols auf der Skala, droht der Aufnahme eine Unterbelichtung. Weist der Pfeil jedoch in Richtung des Plus-Symbols, wäre das Foto mit den aktuellen Einstellungen überbelichtet. Die Länge des angezeigten Balkens richtet sich dabei übrigens nach dem Grad der drohenden Unter- oder Überbelichtung.

Klassische Aufnahmemodi

Manueller Modus (M)

„Das ist die Einstellung für Profis, davon lasse ich lieber die Finger!" Sie glauben gar nicht, wie oft ich diesen Satz schon aus dem Mund von Foto-Amateuren gehört habe. Dass ein gewisser Respekt vor dem manuellen Modus besteht, kann ich durchaus verstehen: Wie der Name schon sagt, stellen Sie hier sowohl die Verschlusszeit als auch die Blende selbst ein, ohne dass die Kamera-Elektronik unterstützend eingreift. Doch wie soll man so zu einer korrekten Belichtung kommen? Das kann eben nur ein Profi. Oder?

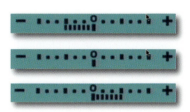

Keineswegs, das können auch Sie! Denn die D600 gibt bereitwillig Auskunft darüber, wann die von Ihnen manuell getroffenen Zeit- und Blenden-Einstellungen eine korrekte Belichtung ergeben – und wann nicht. Um damit zu arbeiten, muss man die Anzeigen erneut genau im Blick haben: Sobald die Kamera in den manuellen Modus versetzt wird, erscheint unterhalb der Anzeige der Belichtungszeit und der Blende eine kleine Skala, die mit einem Plus- und einem Minuszeichen versehen ist (wie schon bei der Blenden- und der Zeitvorwahl). Sehen Sie sich dazu bitte die links abgebildeten Ausschnittvergrößerungen der Info-Anzeige an: Auf einen Blick könne Sie erkennen, was die drei Anzeigen aussagen! Oben wäre das Foto unterbelichtet, in der Mitte stimmt alles, und unten wird eine Überbelichtung signalisiert.

Gerade bei Motiven mit schwierigen Lichtverhältnissen, die die Automatik(en) aus dem Tritt bringen könnten, greife ich sehr oft auf den manuellen Modus zurück.

▶ ISO 400, 24mm, f/10, 1/250s
▷ AF-S Nikkor 24-70mm 1:2.8G ED

Da die D600 über ein vorderes und ein hinteres Einstellrad verfügt, gestaltet sich die Bedienung der Kamera auch im manuellen Modus sehr einfach: Mit dem vorderen Einstell-

Klassische Aufnahmemodi

rad wird die Blende verstellt, das hintere ist für die Belichtungszeit zuständig. Man kann beide Einstellräder mit Daumen (hinten) und Zeigefinger (vorne) auch gleichzeitig betätigen, sodass die passenden Werte schnell eingestellt sind.

Manuell experimentieren leicht(er) gemacht

Vielleicht sind Sie beim Ausprobieren Ihrer D600, beim Blättern im Handbuch oder in diesem Buch bereits darauf gestoßen: Die Kamera besitzt eine Funktion namens „ISO-Automatik". Was es damit auf sich hat, wann man sie einsetzen sollte und wann nicht – all dies werden wir später noch genauer behandeln. Hier, im Kapitel über den manuellen Modus, bitte ich jetzt darum, mir zu vertrauen und nachfolgend einige Einstellungen zu kontrollieren und gegebenenfalls anzupassen. Die Auflösung, weshalb ich Sie darum bitte, bekommen Sie am Ende des Abschnitts geliefert.

Rufen Sie durch Betätigen der „MENU"-Taste das Kameramenü auf und begeben Sie sich mittels des Multifunktionswählers ins Aufnahmemenü, wie links oben zu sehen. Scrollen Sie bis zum Eintrag „ISO-Empfindlichkeits-Einstellungen" und drücken Sie rechts auf den Multifunktionswähler. Nun sollten Sie den links abgebildeten Info-Bildschirm angezeigt bekommen. Falls die einzelnen Werte bei Ihrer Kamera genauso aussehen wie nebenstehend abgebildet, brauchen Sie nichts zu tun und können das Menü wieder verlassen.

Falls Ihre Werte aber ganz anders oder teilweise abweichend sind, dann bitte ich Sie nun darum

die ISO-Empfindlichkeit auf 100 zu stellen,

die ISO-Automatik einzuschalten,

die maximale Empfindlichkeit auf 6.400 ISO festzulegen,

und schlussendlich den Wert für „Längste Belichtungszeit" auf „Automatisch" zu setzen. Nun sollten alle erforderlichen Maßnahmen getroffen sein, sodass ich Ihnen die Lösung des Rätsels liefern möchte: Sie können

Klassische Aufnahmemodi

mit diesen Einstellungen im manuellen Modus die Belichtungszeit und die Blende völlig frei wählen – das Foto wird korrekt belichtet sein! Denn nun wird die Belichtung nicht nur von der Blende und der Verschlusszeit, sondern auch von der im Hintergrund agierenden ISO-Automatik geregelt, was die Variationsmöglichkeiten stark erweitert. Die korrekte Belichtung ist dabei natürlich nur innerhalb der Grenzen, die die Umgebungslichtsituation vorgibt, möglich. Ich bin ein großer Fan der Kombination „Manueller Modus plus ISO-Automatik". Nicht nur, weil man damit (nahezu) völlig frei in der Wahl der Blende UND der Belichtungszeit ist, sondern weil man auf diese Art viel über das Fotografieren lernen kann. So lässt sich zum Beispiel ein Motiv mit verschiedenen Blenden fotografieren, sodass man die Wirkung der unterschiedlichen Blendenöffnungen erfahren kann. Manuell plus Auto-ISO ist ein großartiger Foto-Lehrmeister!

Für eine Fotoserie wollte ich alle Fotos mit Blende 8 und 1/250 Sekunde aufnehmen, um einen durchgängigen Look zu erzielen. Die vorbeiziehenden Wolken sorgten an diesem Tag jedoch für eine permanente Änderung der Lichtverhältnisse. Im manuellen Modus mit aktivierter ISO-Automatik geschossen, war die Fotoserie dennoch zu realisieren.

▶ *ISO 200, 24mm, f/8, 1/250s*
▷ *AF-S Nikkor 24-70mm 1:2.8G ED*

▶ *ISO 100, 28mm, f/8, 1/250s*
▷ *AF-S Nikkor 24-70mm 1:2.8G ED*

Hauptmenü
System
Individualfunktionen

▶ *ISO 100, 16mm, f/8, 1/250s*
▷ *AF-S Nikkor 16-35mm 1:4G ED VR*
▶ *Schwarzweiss-Umwandlung*

Das Hauptmenü der D600

Nikon hat sich bemüht, die Bedienung der Kamera so einfach wie möglich zu gestalten. Dass Sie mit Hilfe der Scene-Programme und den klassischen Betriebsarten auch ohne tiefgreifende Vorkenntnisse recht schnell zu technisch ansprechenden Fotos kommen, haben Sie inzwischen schon erfahren. Wenn Ihr fotografischer Erfahrungsschatz nun im Laufe der Zeit immer mehr wächst, werden Sie aber irgendwann einen Punkt erreichen, an dem Sie nicht mehr so häufig auf die unterstützenden Automatiken der Kamera zurückgreifen wollen, sondern möchten die Optionen lieber selbst bestimmen, weil das einerseits mehr Spaß und andererseits das Fotografieren spannender macht.

Das Menüangebot der D600 ist umfangreicher als die meisten Speisekarten, die ich kenne.

Deshalb finde ich es ausgezeichnet, dass Nikon die Fähigkeiten der D600 nicht nur auf die Automatiken und Halbautomatiken beschränkt hat; im Gegenteil: Die Grenzen der Kamera sind damit noch längst nicht erreicht. Sie ist jenseits der Automatiken und Hilfsprogramme mit vielen weiteren Optionen ausgestattet, die das Verhalten der Kamera maßgeblich beeinflussen. Alle Einstellungen werden dazu im Hauptmenü vorgenommen, das in die Bereiche Wiedergabe, Aufnahme, Individualfunktionen, System, Bildbearbeitung und „Benutzerdefiniertes Menü" unterteilt ist.

Ich schließe mich aus Gründen der Übersichtlichkeit zwar dieser Unterteilung an, habe jedoch eine abweichende Reihenfolge der einzelnen Kapitel untereinander gewählt, weil mir dies für die Abfolge im Buch logischer erschien: Zunächst betrachten wir im Systemmenü die grundsätzlichen Einstellungen. Danach sehen wir uns an, wie die D600 sich durch die Individualfunktionen an die persönlichen Vorlieben und Bedürfnisse anpassen lässt. Dann geht es mit dem Aufnahmemenü weiter, um anschließend die Wiedergabeoptionen zu beleuchten; danach folgt die Bildbearbeitung direkt in der Kamera sowie das benutzerdefinierte Menü.

Sie werden feststellen, dass die Vielfalt der Einstellmöglichkeiten sehr groß ist. Lassen Sie sich davon aber bitte nicht abschrecken: Wir gehen die Optionen Schritt für Schritt gemeinsam durch, sodass sich der Knoten vor Ihren Augen immer weiter entwirren wird.

Systemeinstellungen

Die Systemeinstellungen

Hier nehmen Sie die grundsätzlichen Einstellungen vor. Das Systemmenü muss man in der Regel nur noch selten bemühen, wenn man seine persönlichen Grundeinstellungen einmal gefunden und eingestellt hat. Deshalb ist es um so wichtiger, hierbei möglichst gewissenhaft vorzugehen.

Das erste, was Sie im Systemmenü tun können: Die **Speicherkarte(n) formatieren**. Jede der beiden Karten kann separat angewählt werden. Ich formatiere vor Beginn einer jeden Fotoserie meine Karte(n) in der Kamera, damit ich sicher sein kann, dass sich keine ungewollten „Dateileichen" mehr darauf befinden. Selbstverständlich sollte man vor dem Formatieren auch absolut sicher sein, dass sich keine ungesicherten Fotos mehr auf der/den Karte(n) befinden.

Auf dem Funktionswählrad (oben links auf der Kamera) befinden sich die beiden Einträge „U1" und „U2", was jeweils für „**User Settings**" (Benutzereinstellungen) steht. Hierbei handelt es sich um eine enorm praktische Sache, wie ich an meinem persönlichen Beispiel demonstrieren möchte: Wenn ich es mir aussuchen kann, schieße ich am liebsten Porträts, oder ich betreibe in einer Stadt sehr gerne Straßenfotografie (Neudeutsch auch: „Street Photography").

Nun ist es so, dass ich für Porträts ganz andere Einstellungen hinsichtlich der Bildschärfe, des Kontrasts, des Autofokus (und so weiter) bevorzuge, als dies bei der Street Photography der Fall ist. Gut, man kann jede Kamera ja vor dem Fotografieren auf die jeweilige Situation einrichten, logisch. Die User-Settings vereinfachen diese Prozedur aber ganz enorm: Man speichert seine bevorzugten Einstellungen nur einmal ab, und kann später das Konfigurationsset durch einen einfachen Dreh am Funktionswählrad wieder aktivieren. Ich möchte diese Benutzereinstellungen nicht mehr missen.

Anfangs kann es natürlich vorkommen, dass man sich auf dem Weg zu den bevorzugten Parametern auch mal verzettelt. Dann kann man die vorgenommenen Einstellungen mit dem nächsten Menüpunkt wieder **zurücksetzen**, und alles ganz in Ruhe nochmals neu konfigurieren.

Systemeinstellungen

Helligkeitssensor

Dass die D600 ein ausgezeichnetes Farbdisplay eingebaut hat, haben Sie sicher schon bemerkt. Dessen Leuchtkraft können Sie im Menüpunkt **Monitorhelligkeit** individuell regeln. Voreingestellt ist die automatische Helligkeitsregelung, die mittels des Helligkeitssensors auf der Rückseite des Kameragehäuses die Intensität des vorherrschenden Umgebungslichts misst und die Helligkeit des Displays entsprechend nachregelt.

Es besteht zusätzlich die Option, die Automatik abzuschalten und die Displayhelligkeit manuell auf eine von zehn Stufen festzulegen. Nach längerem Ausprobieren beider Möglichkeiten bin ich zu dem Schluss gekommen, dass ich die manuelle Festlegung der Helligkeit der Automatik vorziehe. Bei der Automatik schwankt mir die Helligkeit zu oft und zu stark, sodass für mich keine zuverlässige Bildbeurteilung möglich ist. Sie sollten aber für sich selbst entscheiden, welcher Option Sie den Vorzug geben.

Sie kennen das: Bei jeder Digitalkamera mit Wechselobjektiv kann es passieren, dass beim Objektivwechsel Staub ins Innere dringt, der sich auf dem Bildsensor (genauer auf dem Tiefpassfilter, der vor dem Bildsensor angebracht ist) absetzt. Dieser Schmutz hat unschöne, störende Flecken auf dem späteren Foto zur Folge, wie Sie an der nebenstehend abgebildeten Ausschnittvergrößerung erkennen können. Um dem sowohl vorzubeugen als auch bereits erfolgte Verschmutzungen wieder zu beseitigen, ist die D600 mit einem **Sensorreinigungssystem** ausgerüstet, das Schmutz auf dem Tiefpassfilter durch Vibrationen abschüttelt. Das funktioniert erstaunlich gut; ich hatte trotz häufiger Objektivwechsel kein einziges Mal Staubflecken auf meinen Fotos.

Sie können den Sensor bei jedem Einschalten, bei jedem Ausschalten oder bei beiden Vorgängen automatisch reinigen lassen. Ich gehe gerne auf Nummer sicher, sodass ich mich für die doppelte Reinigungsfunktion entschieden habe. Ich rate Ihnen es ebenfalls so zu handhaben, damit auch Sie möglichst keine unliebsamen Überraschungen erleben.

Systemeinstellungen

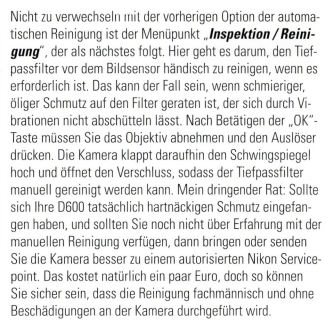

Nicht zu verwechseln mit der vorherigen Option der automatischen Reinigung ist der Menüpunkt „**Inspektion / Reinigung**", der als nächstes folgt. Hier geht es darum, den Tiefpassfilter vor dem Bildsensor händisch zu reinigen, wenn es erforderlich ist. Das kann der Fall sein, wenn schmieriger, öliger Schmutz auf den Filter geraten ist, der sich durch Vibrationen nicht abschütteln lässt. Nach Betätigen der „OK"-Taste müssen Sie das Objektiv abnehmen und den Auslöser drücken. Die Kamera klappt daraufhin den Schwingspiegel hoch und öffnet den Verschluss, sodass der Tiefpassfilter manuell gereinigt werden kann. Mein dringender Rat: Sollte sich Ihre D600 tatsächlich hartnäckigen Schmutz eingefangen haben, und sollten Sie noch nicht über Erfahrung mit der manuellen Reinigung verfügen, dann bringen oder senden Sie die Kamera besser zu einem autorisierten Nikon Servicepoint. Das kostet natürlich ein paar Euro, doch so können Sie sicher sein, dass die Reinigung fachmännisch und ohne Beschädigungen an der Kamera durchgeführt wird.

„**Referenzbild (Staub)**" ist der folgende Menüeintrag. Hierbei handelt es sich um einen Rettungsanker für Fotos, die bereits mit Staubflecken behaftet sind, sollte man nicht rechtzeitig bemerkt haben, dass die Kamera verschmutzt war. Dazu muss man eine strukturlose helle Fläche abfotografieren, woraufhin die D600 ein spezielles Referenzbild erstellt. Dieses kann – ausschließlich – in die Software Capture NX2 geladen werden. Das Programm rechnet die Staubflecken anhand der Referenzdatei wieder aus den Fotos heraus. Prinzipiell eine lobenswerte Sache, die allerdings nur mit einer einzigen Software funktioniert und zudem zeitaufwändig und fehleranfällig ist. Ich nutze sie nicht.

Wenn Sie die D600 per **HDMI**-Kabel an einen Flachbildschirm anschließen, muss sich die Kamera mit dem Fernseher auf das passende Übertragungssignal einigen. Das geschieht normalerweise automatisch, sodass Sie die **Ausgabeauflösung** meist auf „AUTO" stehen lassen können. Sieht das Fernsehbild hingegen seltsam aus, können Sie das Signal auch manuell einstellen. Ist ein kompatibler Fernseher angeschlossen, lässt sich die D600 bei aktivierter **Gerätesteuerung** bequem über dessen Fernbedienung steuern, sodass man nicht neben der Kamera „kleben" muss.

Systemeinstellungen

Wenn Sie Videos mit Live View aufnehmen, kann es vorkommen, dass unter dem Einfluss der Frequenz einiger Arten von Leuchtstoffröhren eine Art Pumpen im Bild zu sehen ist. Dies resultiert aus Interferenzen zwischen der Bildwiederholfrequenz der Kamera und der Lampe. Normalerweise erkennt die D600 dies automatisch und wechselt zu einer störungsfreien Frequenz. Ist dies einmal nicht der Fall, können Sie die **Flimmerreduzierung** manuell einstellen.

Diesen Menüpunkt muss man nicht groß erklären: In „**Zeitzone und Datum**" können Sie genau das einstellen. Eine Option wird jedoch oft übersehen: Reisen Sie zum Beispiel im Urlaub mit Ihrer D600 in eine andere Zeitzone, dann müssen Sie die Uhrzeit nicht mühsam neu einstellen, sondern können einfach die passende Zeitzone auswählen – fertig.

Auch hier bedarf es keiner weiteren Erklärung: Im Menüeintrag „**Sprache**" wählen Sie normalerweise Deutsch aus. Bevorzugen Sie eine andere Einstellung, so wählen Sie die gewünschte Sprache hier aus; die Auswahl ist groß.

„**Bildkommentar**" nennt sich die nächste Option. Hier können Sie Ihre Fotos mit Stichworten versehen, die den EXIF-Daten hinzugefügt werden. Nach diesen Schlagwörtern lässt sich später per Software auf dem Computer suchen. Mir ist diese Art der Schlagwortvergabe jedoch ein wenig zu umständlich; ich erledige das daher lieber beim Überspielen der Fotos auf den Computer gleich mit.

Wenn die **automatische Bildausrichtung** aktiviert ist, wird jedem Foto in den EXIF-Daten ein Eintrag über dessen Orientierung (Hochformat oder Querformat) hinzugefügt. Ich rate Ihnen, diese Option stets eingeschaltet zu lassen, damit die Fotos im Bildbearbeitungsprogramm stets mit der richtigen Orientierung angezeigt werden.

Systemeinstellungen

Die **Akkudiagnose** sollten Sie hin und wieder aufrufen, wenn Sie die Kamera schon länger im Besitz haben. Hier können Sie sich nicht nur über den aktuellen Ladezustand informieren, sondern sich auch den „Gesundheitszustand" des Akkus anzeigen lassen. So können Sie im Fall der Fälle rechtzeitig für Ersatz sorgen.

Auch **Copyright-Informationen** können bei Bedarf in die EXIF-Daten der Fotos eingetragen werden. Dies lässt sich getrennt nach Fotograf und Rechteinhaber (was nicht immer das- bzw. derselbe sein muss) vornehmen. Beachten Sie jedoch, dass diese Einträge in einem Streitfall keine Rechtssicherheit gewährleisten, da die Einträge von kundigen Zeitgenossen nachträglich manipuliert werden können.

Haben Sie alle Systemeinstellungen wie gewünscht vorgenommen, können Sie diese **Einstellungen auf einer Speicherkarte sichern** und auch wieder in die Kamera laden. Das ist besonders praktisch wenn eine Kamera von mehreren Personen benutzt wird, denn so kann sich jeder seine persönliche Konfiguration zusammenstellen und mit wenigen Handgriffen aktivieren.

Wenn Sie einen **GPS**-Empfänger mit Ihrer D600 verwenden, ist die hier einstellbare Standby-Option sehr wichtig. Steht diese auf „ON", versetzt sich die Kamera nach einer gewissen Zeit in den Ruhezustand, um Strom zu sparen. Der Haken: Auch dem GPS-Empfänger wird damit der Strom entzogen, sodass er beim nächsten Aktivieren der Kamera eine gewisse Zeit bis zur seiner Funktionsfähigkeit benötigt. Steht die Option auf „OFF", bleibt die Kamera hingegen stets eingeschaltet, sodass der GPS-Empfänger jederzeit sofort einsatzbereit ist. Das zehrt allerdings sehr stark am Akku, weshalb ich zu einer aktiven Standby-Funktion rate. Ferner können Sie sich hier auch den derzeitigen Standort anzeigen lassen, sowie die Uhr der Kamera automatisch nach der aktuellen Zeit der verbundenen Satelliten stellen lassen, wenn Sie dies möchten.

Systemeinstellungen

So ist die Kamera horizontal und vertikal perfekt ausgerichtet.

„**Virtueller Horizont**" ist ein weiterer Eintrag im Systemmenü, den man schon länger in einigen DSLRs von Nikon vorfindet; so gab es ihn zum Beispiel bereits in der D700. Während bei dieser Kamera jedoch nur das Rollen um die Objektivachse (Links- / Rechtsbewegung) gemessen und angezeigt wurde, kann die D600 zusätzlich auch die Neigung (Hoch- / Runterbewegung in Objektivrichtung) feststellen. Den virtuellen Horizont können Sie sich auch im Sucher der Kamera anzeigen lassen, sofern Sie eine Funktionstaste entsprechend belegt haben (dazu später mehr), oder Sie können ihn im Live View per Druck auf die Info-Taste aktivieren.

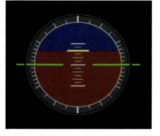

Hier hingegen ist sie leicht nach rechts gekippt...

...hier wiederum ein ganzes Stück nach vorne geneigt...

...und in diesem Beispiel sind beide Achsen nicht im Lot.

Trotz der Tatsache, dass ich mir den virtuellen Horizont auf eine Funktionstaste gelegt habe, da ich ihn bei Freihand-Aufnahmen nahezu ständig nutze, verwende ich auch die hier gezeigte Variante im Systemmenü recht häufig: Die Darstellung ist groß und präzise und ist daher bei der perfekten Ausrichtung der D600 auf einem Stativ äußerst hilfreich.

Bis zu neun Objektive ohne CPU können manuell in die Datenbank der D600 eingetragen werden.

Möglicherweise besitzen Sie ja noch eine ältere Festbrennweite, die zwar noch nicht über eine CPU (eigene Elektronik) verfügt, die leistungsmäßig aber dennoch für die D600 geeignet ist. Leider können Objektive ohne CPU aber keine Informationen an die Kamera übertragen. Trotz mechanischer Kompatibilität weiss die D600 also nicht, welches Objektiv mit welcher Brennweite und welcher Lichtstärke angeschlossen ist. Durch die Option „**Objektivdaten**" können Sie der Kamera jedoch manuell auf die Sprünge helfen. Für bis zu neun verschiedene Objektive können Sie jeweils die Brennweite und die Anfangsöffnung per Hand eintragen. Wenn Sie danach mit solch einem Objektiv fotografieren und am Blendenring drehen, setzt die D800 dies intern ent-

Systemeinstellungen

sprechend um, sodass der Belichtungsmesser weiss, dass Sie gerade – als Beispiel – mit einem 50-Millimeter-Objektiv bei Blende 5,6 fotografieren. Somit ist auch die Verwendung eines lieb gewonnenen „alten Schätzchens" ohne große Komforteinbußen möglich. Bei der Verwendung mehrerer Objektive ohne CPU müssen Sie allerdings stets darauf achten, dass Sie vor dem Fotografieren auch das Entsprechende im Systemmenü auswählen und aktivieren.

Es gab und gibt immer noch heftige Diskussionen unter den Besitzern digitaler Spiegelreflexkameras aller Hersteller, wenn es um die Präzision des Autofokus geht. „Frontfokus" und „Backfokus" sind dabei zwei Stichworte, die Sie sicher kennen: Die Kamera fokussiert scheinbar zu weit nach vorne oder zu weit nach hinten, sodass der Fokus nicht perfekt sitzt. Dem hat neben anderen Herstellern auch Nikon Rechnung getragen und baut deshalb (auch) in die D600 eine Art „Autofokus-Tuning" ein, die sich „**AF-Feinabstimmung**" nennt. Diese Abstimmung funktioniert übrigens nur bei Objektiven mit CPU (Elektronik).

Die AF-Feinabstimmung muss explizit eingeschaltet werden. In der Werkseinstellung ist sie deaktiviert.

Dabei können Sie auf einer Skala von +20 bis -20 zunächst einen generellen Wert eingeben, um den die Kamera den Fokus bei allen verwendeten (CPU-) Objektiven entsprechend nach vorne (von der Kamera weg; positiver Wert) oder nach hinten (auf die Kamera zu; negativer Wert) verschiebt. Darüber hinaus besteht die Möglichkeit, für bis zu 12 verschiedene Objektive einen jeweils individuellen Korrekturfaktor einzugeben und abzuspeichern. Auch hierbei bestehen die bereits erwähnten +20 / -20 - Grenzen.

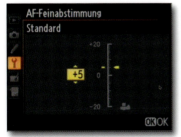

Sie können einen generellen Wert definieren, um den die D600 den Autofokus jedes Objektivs verschiebt.

Wenn Sie mich nun fragen: „Bis zu plus oder minus zwanzig - was denn bitte? Zentimeter? Wohl kaum. Millimeter? Scheint auch noch zu grob zu sein. Sind es Mikrometer?", so muss ich Ihnen antworten: Ich weiss es nicht und mir ist auch nicht bekannt, dass es sich hierbei um eine genormte Maßeinheit handelt. Es ist einfach ein von Nikon willkürlich festgelegter Faktor, wobei jeder Kamerahersteller seine eigene (nicht genormte) Skala hat. Gehen wir nun einmal davon aus, jemand ist der Ansicht, sein Objektiv habe einen Front- oder Backfokus. Den kann man ja dann mit dieser Funktion korrigieren, Problem gelöst.

Systemeinstellungen

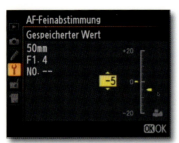

Für maximal 12 Objektive kann ein individueller Korrekturfaktor eingegeben und abgespeichert werden.

Zur Identifizierung des Objektivs können Sie die beiden letzten Stellen der Seriennummer eintragen.

Die eingegebenen Korrekturwerte lassen sich jederzeit anzeigen, und bei Bedarf auch wieder löschen.

Gut, aber wie ermittelt man den Korrekturfaktor? Die meistverbreitete Antwort darauf lautet: Einen Testaufbau oder ein Testbild mit den diversen verfügbaren unterschiedlichen Korrekturfaktoren abfotografieren, und irgendwann hat man die passende Einstellung für das jeweilige Objektiv gefunden.

Schön und gut, aber für solche Tests reicht es leider nicht aus, ein Testbild oder einen Testaufbau zu nehmen, ein Stativ aufzustellen und die Kamera darauf auszurichten: Schon allerkleinste Abweichungen – das Testbild, der Aufbau oder das Stativ mit der Kamera wird versehentlich etwas bewegt – machen die Aussage der Versuchsreihe zunichte. Mit „etwas bewegt" meine ich dabei eine Größenordnung von einem Mikrometer oder weniger, denn wir sind uns ja einig, dass es Millimeter oder gar Zentimeter nicht sein können, über die wir hier sprechen; also muss auch die Präzision der Testreihe entsprechend genau sein. Das ist außerhalb eines Fachlabors, nur mit „Hausmitteln", aber in keinem Fall zuverlässig genug zu erreichen. Problem eins.

Hinzu kommt: Sehr viele Fotografen verwenden Zoomobjektive, so wie ich es auch die meiste Zeit handhabe. Das ist auch völlig in Ordnung, denn hochwertige Zooms wie mein geliebtes 24-70/2.8 liefern (auch an der D600) hervorragende Ergebnisse. Wenn man nun ein solches Zoom der Autofokus-Feinabstimmung unterziehen möchte, wird man schnell auf einen Hemmschuh stossen: Es lässt sich pro Objektiv nur ein einziger Wert eingeben. Doch jeder erfahrene Fotograf weiss, dass der Autofokus am einen Ende des Zoombereichs etwas anders „sitzt" als am anderen. Stellt sich die Frage: Ermittle ich den Korrekturfaktor nun (am Beispiel meines Objektivs) für 24 Millimeter? Oder für 70 Millimeter? Oder für eine andere Zoomstellung? Problem zwei.

Und noch eine weitere Frage taucht auf; gleichgültig ob für Festbrennweiten oder für Zoomobjektive: Bei welcher Entfernung sollte man seine Testreihe durchführen? An der Grenze der Naheinstellung? Bei unendlich? Oder vielleicht bei einer Entfernung irgendwo dazwischen? Auch hierzu gibt es keinerlei Richtlinien, Anhaltspunkte oder gar verbindliche Vorschriften, die eine wirklich aussagekräftige Testreihe ermöglichen würden. Problem drei.

Systemeinstellungen

Zudem sollte man eines unbedingt im Hinterkopf behalten, wovon auch Nikon selbst ausdrücklich warnt: Wenn Sie für eine bestimmte Brennweite innerhalb des Zoombereichs eines Objektivs einen Korrekturfaktor einstellen, kann es die Fokuspräzision am anderen Ende völlig verschieben, ja unbrauchbar machen. Sie treiben also gewissermaßen den Autofokus-Teufel mit dem Korrektur-Beelzebub aus, um es einmal salopp zu formulieren. Problem vier.

Ich rate ausdrücklich von der Aktivierung der AF-Feinabstimmung ab; ja ich warne sogar vor dieser Funktion.

Deshalb lautet mein eindringlicher Rat an Sie: **Vergessen Sie die AF-Feinabstimmung, benutzen Sie sie nicht!** Die Begründung für meine – zugegeben – sehr deutliche Ansage nochmals in der Kurzfassung: Es gibt keine genormten Korrekturwerte, niemand außerhalb eines Testlabors kann die erforderlichen Messreihen mit der notwendigen Präzision und Konstanz durchführen, für Zoomobjektive lässt sich nur ein einziger Korrekturwert eingeben, die zu verwendende Entfernungseinstellung ist völlig ungewiss, und eine Korrektur an einem Ende des Zoombereichs kann die AF-Präzision am anderen Ende völlig verhageln.

Nun will ich nicht verleugnen, dass so mancher Besitzer einer Spiegelreflex mit dem Autofokus unzufrieden ist, weil erheblich weniger Fotos richtig scharf werden, als dies wünschenswert wäre. Dazu habe ich eine konkrete Ansicht, die die meisten wohl nicht so gerne hören werden, die jedoch in meiner langen Erfahrung begründet liegt: In den allermeisten Fällen ist eine falsche oder ungenügende Fokustechnik des Fotografen der Grund für unscharfe Fotos. Wie man seine Trefferquote aber deutlich erhöhen kann, können Sie im Kapitel „Richtig Fokussieren" ausführlich nachlesen.

Für den eher seltenen Fall, dass eine Kamera und/oder ein Objektiv tatsächlich mangelhaft gefertigt sind oder nicht ausreichend gut zusammenarbeiten, gibt's einen besseren Weg als die AF-Feinabstimmung in der Kamera: Bringen Sie die Kamera-Objektiv-Kombination, deren Autofokuspräzision Sie bemängeln, innerhalb der Garantiezeit zum Händler. Bestehen Sie dort darauf, dass er beides zum Nikon Service einsendet. Dort kann man Kamera und/oder Objektiv mit Präzisionsmessungen und -Werkzeugen fachgerecht nachjustieren, falls es tatsächlich notwendig sein sollte.

Systemeinstellungen

Den letzten Punkt des Systemmenüs kennen Sie ganz bestimmt: Die **Firmware**-Version. Sie können sich diese jederzeit anzeigen lassen und sie bei Veröffentlichung eines Updates aktualisieren, was Sie auch stets tun sollten. Was erstaunlich viele jedoch nicht wissen: Auch (neuere) Objektive sowie Systemblitze haben eine eigene Firmware, und auch diese kann möglicherweise eine Aktualisierung erfahren. „C" (für „Camera") steht im links zu sehenden Menüfoto für die Kamera selbst, „L" (für Lens) zeigt die Firmware des gerade angesetzten Objektivs, und „S" (für Speedlight) gibt Auskunft über die Firmware des Blitzes.

Nun sind wir mit den Systemeinstellungen durch, es ist alles besprochen. Ab der nächsten Seite stehen die Individualfunktionen auf dem Programm, die zur Freude eines jeden D600-Besitzers ebenfalls sehr umfangreich ausfallen. Bevor wir damit anfangen, möchte ich Sie erneut bitten: Legen Sie das Buch temporär auf die Seite, nehmen Sie Ihre Kamera und nehmen Sie sich Zeit. Übung macht den Meister, das kann Ihnen dieses Buch leider nicht abnehmen.

Der Wasserturm an der Viersener Straße in Mönchengladbach ist für mich einer der schönsten in Deutschland. Beim Besuch in meiner Heimatstadt wurde er von der Sonne in warmes Licht getaucht, während sich im Hintergrund Gewitterwolken auftürmten. Auf diese Stimmung habe ich gerne eine Weile gewartet.

▶ *ISO 200, 36mm, f/10, 1/400s*
▷ *AF-S Nikkor 24-70mm 1:2.8G ED*

Individualfunktionen

Die Individualfunktionen

Sind die zuvor beschriebenen Systemeinstellungen mit 21 Menüpunkten bereits umfangreich, setzen die Individualfunktionen mit ihren 50 Optionen nochmal eins drauf. Dieses Kapitel ist zur Individualisierung **Ihrer** D600 sehr wichtig, weshalb Sie es gründlich durchlesen sollten. Nikon hat das Kameramenü für die Individualfunktionen in sieben Abschnitte mit den Buchstaben a bis g unterteilt. Der besseren Übersicht halber behalte ich diese Reihenfolge so weit als möglich bei; so können Sie Kamera und Buch nebeneinander platzieren und alles ganz in Ruhe ausprobieren.

a Autofokus

a1 Priorität bei AF-C Standardmäßig ist die D600 bei der Verwendung des kontinuierlichen Autofokus (AF-C) so eingestellt, dass die Kamera beim Betätigen des Auslösers auf jeden Fall ein Foto schießt – ob vorher vom Autofokus scharf gestellt war oder nicht. Ich rate Ihnen, dies auf „Schärfepriorität" abzuändern. Das wird zwar die Serienbildrate je nach Aufnahmesituation senken, aber was nützen 20 Serienfotos, wenn 15 davon unscharf sind? Lieber ein paar Serienbilder weniger, die dafür aber richtig scharf(gestellt).

a2 Priorität bei AF-S Hierbei ist die Schärfepriorität werksseitig voreingestellt. Das ist sinnvoll, denn wenn Sie hier die Auslösepriorität einstellen würden, könnten Sie das automatische Fokussieren auch ganz lassen. Nehmen Sie deshalb besser keine Änderung vor.

a3 Schärfenachführung mit Lock-On Diese Einstellung betrifft nur den kontinuierlichen Autofokus (AF-C) oder greift dann, wenn die Kamera sich bei eingestelltem automatischem Autofokus (AF-A) im kontinuierlichen Modus befindet. Es geht um Folgendes (als Beispiel): Sie fotografieren bei einem Fußballspiel und haben einen bestimmten Spieler im Visier. Plötzlich läuft Ihnen ein anderer Spieler vor die Linse. Mit der Lock-On-Option können Sie festlegen, ob die Kamera nun sofort auf das neue Ziel „springen" soll, oder ob sie einen Moment abwartet, bis das störende Objekt wieder aus dem Fokusweg verschwunden ist. Die Zeitspanne, die

Individualfunktionen

die Kamera abwartet, können Sie in fünf Stufen variieren. Mein Rat, wieder am Beispiel des Fußballspiels: Wenn Sie viele verschiedene Spieler fotografieren möchten und daher in kurzen Zeitabständen immer wieder neu fokussieren müssen, sollten Sie Lock-On ganz ausstellen. Gilt Ihr Interesse jedoch einem einzelnen Spieler, dann sollten Sie Lock-On aktivieren, denn so kann der Autofokus besser an diesem Spieler „kleben bleiben", ohne ihn zu verlieren.

a4 Messfeld-LED Die Position des aktiven Fokusmessfelds wird Ihnen im Sucher durch ein kleines schwarzes Rechteck angezeigt. Bei dunklen Motiven und/oder schwachem Umgebungslicht kann es vorkommen, dass das Rechteck kaum noch zu erkennen ist. Hier hilft die Aktivierung der LED-Option: Dann leuchtet das Messfeld rot auf. In der Auto-Einstellung entscheidet die D600 je nach Situation selbständig über das Aufleuchten; Sie können das Leuchten aber auch dauerhaft aktivieren oder deaktivieren.

Es gibt jedoch einen direkten Zusammenhang zwischen der LED-Option und der Bildfeldwahl, der oft übersehen wird. Wenn Sie statt FX mit DX fotografieren, stellt die Kamera das verkleinerte Bildfeld sehr unterschiedlich dar. Steht die Individualfunktion a4 auf „Automatisch" oder „Ein", dann bekommen Sie nur einen schwarzen Rahmen im Sucher angezeigt, wie beim Foto auf dieser Seite simuliert. Setzen Sie die LED-Funktion hingegen auf „Aus", dann wird statt des Rahmens der komplette Bereich des Sensors, der bei DX nicht genutzt wird, durch eine graue und (absichtlich) un-

Bei automatischer oder aktivierter Messfeld-LED sieht man im Sucher nur einen Rahmen, der die Fläche des DX-Feldes anzeigen soll.

Individualfunktionen

Ist die Messfeld-LED deaktiviert, wird der inaktive Bereich des Sensors ausgegraut und unscharf dargestellt, was mir wesentlich besser gefällt.

scharfe Maske angezeigt, wie in der zweiten Simulation zu sehen ist. Mir gefällt die Maske wesentlich besser, weil Sie meiner Meinung nach viel deutlicher erkennen lässt, wo die Grenzen des gewählten Bildfelds verlaufen. Mit der Maske kann ich den Bildausschnitt sicher bestimmen; mit dem dünnen Rahmen fällt mir das hingegen längst nicht so leicht. Ich verzichte daher gerne auf die Messfeld-LED, weil mir die Bildfeldmaske in der Praxis wesentlich wichtiger ist.

a5 Scrollen bei Messfeldauswahl In der Werkseinstellung steht diese Individualfunktion auf „Am Rand stoppen". Das heisst: Wenn Sie mittels des Multifunktionswählers einen bestimmten Fokussensor oder eine Gruppe von Fokussensoren (je nach Voreinstellung) auswählen möchten, so ist die Wahlmöglichkeit natürlich durch die äußeren Sensoren begrenzt. Befinden Sie sich zum Beispiel am rechten Rand, und drücken den Multifunktionswähler weiter nach rechts, so passiert in diesem Fall gar nichts (mehr).

Ich empfehle, diese Funktion auf „Umlaufend" abzuändern. So mag es zwar vorkommen, dass man mal über das Ziel hinaus schießt und sich plötzlich am entgegengesetzten Rand wiederfindet. Insgesamt finde ich das aber immer noch besser als das eventuelle „Einfrieren" an einer Seite, weil man mit der umlaufenden Einstellung viel flüssiger arbeiten kann. Das ist allerdings eine sehr persönliche Einschätzung, denn diese Funktion ist stark vom individuellen Geschmack und der Arbeitsweise abhängig. Daher schlage ich vor, dass Sie beide Optionen gründlich ausprobieren und sich dann erst für eine davon entscheiden.

Individualfunktionen

a6 Anzahl der Fokusmessfelder Hier können Sie einstellen ob Sie alle 39 Messfelder aktivieren möchten, oder ob Sie sich auf 11 Messfelder beschränken wollen. Aber warum sollte man die Autofokusfelder beschränken? Ich mag mich irren, und ich kann es Ihnen offen gestanden auch nicht anhand von Daten oder Fakten beweisen: Meinem Gefühl nach ist der Autofokus jedoch spürbar schneller, wenn statt der standardmäßig eingestellten 39 Messfelder nur 11 Messfelder aktiviert werden. Ich persönlich empfinde 39 Messfelder für die meisten fotografischen Aufgaben sogar als zuviel des Guten, denn es dauert mir deutlich zu lange, die große Anzahl der einzelnen Felder durchzuscrollen.

11 Messfelder sind daher für 95 Prozent aller Fotos meine Wahl und gleichzeitig auch meine Empfehlung an Sie. Die einzige Ausnahme bildet die folgende Situation: Statische Kamera und statisches Motiv, etwa bei Makrofotos oder bei Stilllife. Dann hilft es natürlich schon, wenn man unter einer größeren Anzahl an Fokuspunkten auswählen kann.

11 Fokusmessfelder oder alle 39 – Sie sollten selbst herausfinden, mit welcher Anzahl Sie in der Praxis besser zurecht kommen.

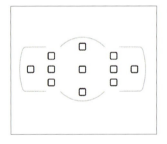 

Andererseits fokussiere ich bei Makro und Stilllife normalerweise manuell im Live View und mit Hilfe der Lupenfunktion (wie das geht, stelle ich Ihnen später vor), sodass ich überhaupt nicht auf die Fokusmessfelder angewiesen bin. Aber Sie arbeiten möglicherweise anders. Daher ist mein Rat identisch zur Individualfunktion a5: Testen Sie die beiden Optionen in Ruhe aus, und entscheiden Sie anschließend.

a7 Integriertes AF-Hilfslicht Normalerweise sollten Sie es eingeschaltet lassen. Bei weit entfernten Motiven (z.B. Landschaftsaufnahmen) ist es allerdings nutzlos, bei Fotos von Menschen oder Tieren kann es störend sein. In diesen Fällen können (Landschaft) oder sollten (Menschen, Tiere) Sie das Hilfslicht abschalten.

Individualfunktionen

b Belichtung

b1 ISO-Schrittweite Die erste Option des Abschnitts „Belichtung" lässt Sie darüber entscheiden, ob die ISO-Werte in ganzen oder Drittelstufen geregelt werden, und ob die ISO-Automatik ganze oder Drittelstufen verwenden soll. Ich meine: In beiden Fällen haben Sie mit der Drittelstufen-Option eine feinere Regelmöglichkeit; die ISO-Empfindlichkeit lässt sich auf diese Weise immer nur so weit erhöhen, wie es unbedingt notwendig ist. Ich rate daher zu den Drittelstufen.

b2 Schrittweite der Belichtungssteuerung Auch hier geht es um halbe oder Drittelstufen. Diesmal jedoch bei der Wahl der Belichtungszeit, der Blende, der Belichtungskorrektur und der Blitzbelichtungskorrektur. Hierzu gibt es unterschiedliche Meinungen, zugegeben. Ich bin jedoch der Ansicht, dass die halbstufige Schrittweite übersichtlicher und damit besser zu handhaben ist, weshalb ich auch zu halben Stufen rate. Aber bitte selbst ausprobieren.

b3 Einfache Belichtungskorrektur Normalerweise nehmen Sie eine Belichtungskorrektur vor, indem Sie die Taste mit dem Plus- / Minus-Symbol neben dem Auslöser drücken und dabei das hintere Einstellrad betätigen. Mit den beiden anderen Einstelloptionen können Sie bestimmen, dass dies künftig ohne Betätigung der Taste geschieht. Bei der Variante mit dem Zusatz „(Reset)" wird die eingestellte Korrektur jedes Mal wieder zurückgesetzt, wenn sich der Belichtungsmesser der Kamera ausschaltet; bei Variante zwei bleibt die Korrektur dauerhaft eingestellt. Meine Erfahrung zeigt: Belassen Sie es besser bei der Voreinstellung (Taste plus Einstellrad). Das ist sehr praktikabel und treffsicher.

b4 Messfeldgröße (mittenbetont) Wie ich später noch genauer ausführen werde, lässt sich die D600 auf verschiedene Belichtungsmessmethoden einstellen: Die Matrixmessung (über das gesamte Bildfeld), die Spotmessung (nur an einem sehr kleinen Bildausschnitt) und die mittenbetonte Messung, um die es hier geht. Voreingestellt ist ein Messbereich mit 12 Millimeter Durchmesser, und ich sehe ehrlich gesagt auch keine Veranlassung, dies zu ändern, weil dieser Wert sehr zuverlässige Ergebnisse liefert.

Individualfunktionen

Sollten Sie mit der Belichtungsmessung der D600 stets unzufrieden sein, lässt sich hier einzeln für jede Belichtungsmessmethode ein dauerhafter Korrekturwert eingeben.

Unbedingt zu bedenken: Bei der permanenten Feinabstimmung bekommen Sie keinen Korrekturwert angezeigt!

b5 Feinabstimmung der Belichtungsmessung Manche DSLR-Besitzer (aller Hersteller) kommen nicht hundertprozentig damit zurecht, wie ihre Kamera die automatische Belichtungsmessung vornimmt. Dem einen werden die Fotos generell zu dunkel, ein anderer empfindet sie stets als zu hell. Dem kann man natürlich mit der Belichtungskorrektur relativ einfach entgegen wirken.

Vertrackt wird es allerdings, wenn man der Ansicht ist, die Kamera belichte – nur als Beispiel – bei der Matrixmessung zu dunkel, bei der mittenbetonten Messung zu hell, und bei der Spotmessung wiederum zu dunkel. Dies empfinden mehr Fotografen, als man vielleicht denken mag. In dieser Situation müsste man ständig daran denken, je nach gewählter Belichtungsmessmethode stets auch eine entsprechende Belichtungskompensation manuell einzustellen. Nicht gerade komfortabel, nicht wirklich praktikabel und zudem äußerst fehleranfällig.

Nikon hat dem Rechnung getragen und eine individuell programmierbare Feinabstimmung ins Menü eingebaut. Man kann damit jede der drei Messmethoden individuell in feinen 1/6-Schritten „nach oben" oder „nach unten" anpassen. Man sollte sich jedoch stets bewusst sein, dass die eingegebenen Korrekturen dauerhaft in der Kamera erhalten bleiben, und insbesondere auch, dass sie nicht auf den Displays der Kamera angezeigt werden!

Wenn Sie zum Kreis derer gehören, die mit den Ergebnissen der Belichtungsautomatik aus den vorgenannten Gründen nicht ganz glücklich sind, so kann die Feinabstimmung der Belichtungsmessung möglicherweise die Lösung Ihres Problems bedeuten. Stellen Sie sie aber wirklich nur dann ein, wenn Sie fortwährend mit der Belichtungsmessung der Kamera unzufrieden sind. Ich persönlich komme bei der D600 sehr gut ohne die grundsätzlichen Korrekturen aus.

Dazu noch ein Tipp am Rande: Sollten Sie sich irgendwann mal über fehlbelichtete Fotos wundern, so sehen Sie doch bitte nach, ob hier Korrekturwerte eingestellt wurden, dies aber später in Vergessenheit geraten ist. Sie glauben nicht, wie oft das schon vorgekommen ist...

Individualfunktionen

c Timer / Belichtungsspeicher

c1 Belichtung speichern mit Auslöser Normalerweise speichern Sie die gemessene Belichtung mit der AE-L/AF-L-Taste (sofern diese nicht anders konfiguriert ist). Hier können Sie darüber entscheiden, die Belichtung auch beim Drücken des Auslösers bis zum ersten Druckpunkt zu fixieren. Ich brauche das nicht, aber einige kommen damit gut zurecht. Bitte ausprobieren und danach entscheiden.

c2 Standby-Vorlaufzeit Mit dieser Individualfunktion wird festgelegt, wie lange der Belichtungsmesser der Kamera aktiv bleibt, wenn keine Tasten oder Räder betätigt werden. Sicher haben Sie schon bemerkt: Schaltet sich der Belichtungsmesser ab, werden auch die Anzeigen auf dem oberen Kontrolldisplay sowie dem rückseitigen Farbdisplay deaktiviert. Normalerweise sollten Sie es bei der Voreinstellung von sechs Sekunden belassen. Dies ist ein guter Kompromiss zwischen „zu schnell wieder aus" (ist lästig) und „zu lange an" (belastet den Akku übermäßig). Für manche Aufnahmesituationen (z.B. Sport- / Actionfotos) kann es jedoch praktikabler sein, eine längere Zeit auszuwählen, weil die Kamera damit stets beziehungsweise schneller bereit ist.

c3 Selbstauslöser Dass die D600 über einen Selbstauslöser verfügt, haben Sie sicher schon festgestellt. An dieser Stelle lässt sich festlegen, welche Zeitspanne vom Betätigen des Auslösers bis zum Schießen des Fotos vergeht. Hierzu lässt sich kein genereller Rat geben, denn die passende Zeitspanne hängt ausschließlich von der Aufnahmesituation ab. Oft übersehen wird die Möglichkeit, dass die D600 mit dem Selbstauslöser auch eine Serie von Fotos schießen kann. Dazu können bis zu neun Fotos in Folge eingestellt werden. Ferner lässt sich deren zeitlicher Abstand in vier Stufen definieren: Zwischen 0,5 Sekunden und 3 Sekunden stehen dabei zur Auswahl.

Nicht nur einzelne Fotos, sondern auch Serien mit bis zu neun Bildern können von der D600 mit dem Selbstauslöser geschossen werden.

103

Individualfunktionen

c4 Ausschaltzeiten des Monitors Das rückseitige Farbdisplay ist, wie bei jeder anderen Kamera auch, der größte „Stromfresser" der D600. Man sollte für dessen Ausschaltzeiten daher den bestmöglichen Kompromiss suchen, der darin besteht, ihn nicht zu früh abzuschalten, weil das unpraktikabel ist, ihn aber auch nicht unnötig lange anzulassen, weil das den Akku höher belastet. Ich habe die werksseitigen Voreinstellungen nicht verändert, weil ich sie als sehr praxisgerecht empfinde.

c5 Wartezeit für die Fernauslösung Lösen Sie die Kamera nicht mit dem Auslöser, sondern über einen kompatiblen Fernauslöser aus, so muss sie meist länger in Bereitschaft bleiben, bevor der Belichtungsmesser sich abschaltet. Welche Zeit Sie dabei vorwählen, richtet sich stets nach der aktuellen Aufnahmesituation, sodass ich Ihnen hierzu keinen Richtwert angeben kann. Obwohl es den Akku belastet, wähle ich beim Fernauslösen jedoch lieber eine (zu) lange Zeit als eine (zu) kurze, weil sich so besser arbeiten lässt.

Um die Tiere nicht zu verschrecken, habe ich die Kamera leise auf einer Mauer platziert, mich ein ganzes Stück zurückgezogen, und per Fernauslöser meine Fotos geschossen.

▶ ISO 400, 50mm, f/8, 1/80s
▷ AF-S Nikkor 24-70mm 1:2.8G ED

d Aufnahme & Anzeigen

d1 Tonsignal Für eine ganze Reihe von Funktionszuständen (Fokussierung, Selbstauslöser und andere) gibt die D600 auf Wunsch auch akustisch eine Rückmeldung. Diese können Sie in drei Lautstärkestufen sowie in zwei Tonhöhen variieren. Ich mache es kurz: Mich (und oft auch das lebende „Motiv") nervt das Gepiepse gehörig, sodass ich es (wie bei jeder anderen Kamera auch) sofort und dauerhaft abschalte.

Individualfunktionen

d2 Gitterlinien Falls aktiviert, blendet die Kamera ein Gitternetz in den Sucher ein. Dies kann die Komposition des Fotos erleichtern und somit verbessern. Das Gitter ist dabei nach dem „Goldenen Schnitt" angeordnet. Legt man das Hauptmotiv auf eine der Linien, idealerweise auf den Kreuzungspunkt zweier dieser Linien, wirkt das Foto deutlich spannender, als wenn das Motiv in der Bildmitte platziert wird. Nachfolgend ein Praxisbeispiel.

Im linken Foto ist die Statue genau in der Mitte des Bildausschnitts platziert. Das wirkt langweilig. Rechts hingegen liegt das Motiv im „Goldenen Schnitt"; zwei Linien kreuzen sich auf der Brust der Figur. Das wirkt viel lebendiger. Zur Erleichterung dieser Gestaltungsregel können Sie sich während der Aufnahme Gitterlinien ins Sucherbild einblenden lassen, wie ich auf dem rechten Foto simuliert habe.

▶ *ISO 200, 40mm, f/2,8, 1/125s*
▷ *AF-S Nikkor 24-70mm 1:2.8G ED*
▶ *Aufhellblitz*

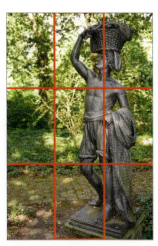

d3 ISO-Anzeige und -Einstellung Standardmäßig werden auf dem auf der Oberseite der Kamera liegenden Kontrolldisplay in der unteren rechten Ecke die verbleibenden Aufnahmen angezeigt, die Sie mit der Restkapazität der Speicherkarte(n) noch schießen können, wie oben zu sehen.

Manchem ist dies aber nicht so wichtig; stattdessen wäre ein schneller Blick auf die aktuell eingestellte ISO-Empfindlichkeit oft wünschenswerter. Das ist überhaupt kein Problem: Dazu stellen Sie die Individualfunktion d3 einfach um auf den zweiten Eintrag „ISO-Empfindlichkeit anzeigen".

Individualfunktionen

Dies ist manchem aber noch nicht ausreichend. Wenn man den ISO-Wert verstellen möchte, muss man die Kamera vom Auge und die linke Hand vom Objektiv nehmen, den ISO-Knopf links unten neben dem rückseitigen Display betätigen, um dann mit dem hinteren Einstellrad den gewünschten Wert einzustellen. Vielen Fotografen dauert das zu lange. Wie geht das einfacher? In dem man die Individualfunktion d3 auf „ISO-Empfindlichkeit anzeigen/einstellen" einrichtet. Danach wird ebenfalls der ISO-Wert im Kontrolldisplay angezeigt, aber nun kann man die ISO-Stufe durch Betätigen des vorderen (bei P und S) oder des hinteren (bei A) Drehrads einstellen. Daher empfehle ich Ihnen die letztgenannte Einstellung, denn sie hat sich als schneller und komfortabler erwiesen als das Standardverfahren.

d4 Schnellübersichtshilfe Ist diese eingeschaltet, können Sie sich durch Betätigen der „?"-Taste, die links neben dem rückseitigen Display in der Mitte liegt, Informationen zum gegenwärtig in der Informationsanzeige ausgewählten Element anzeigen lassen. Sie müssen selbst beurteilen, ob Sie diese Hilfestellung benötigen oder nicht.

d5 Lowspeed-Bildrate Die D600 verfügt im Serienbildmodus bekanntlich über zwei Einstellungen: „CL" (Continious Low, langsame(re) Serienbildfunktion), und „CH" (Continious High, Serienbildfunktion mit maximaler Geschwindigkeit). Während Sie für die CH-Funktion nichts einstellen können, gibt Ihnen dieser Menüpunkt die Wahl, ob in der Betriebsart CL eins, zwei, drei, vier oder fünf Serienbilder je Sekunde geschossen werden sollen. Die hier gewählte Einstellung hat gleichzeitig auch für Intervallaufnahmen Gültigkeit.

d6 Maximale Bildanzahl pro Serie Wenn Sie im Serienbildmodus Fotos schießen, können Sie hier auf Wunsch die Anzahl an Einzelaufnahmen begrenzen, die pro Fotoserie (also solange Sie den Finger auf dem Auslöser lassen) geschossen werden können. Die Begrenzung lässt sich auf einen beliebigen Wert zwischen 1 und 100 einstellen. Im Normalfall habe ich hier 25 Fotos eingestellt, damit ich nicht im Eifer des Gefechts sinnlos Speicherplatz „verballere".

Individualfunktionen

Normalerweise reichen 25 Serienbilder auch für actionreiche Szenen aus, um diese von Anfang bis Ende komplett zu dokumentieren.

d7 Nummernspeicher In der Werkseinstellung „Ein" beginnt die D600 ab dem ersten Schuss fortlaufende Nummern für Ihre Fotos zu vergeben. Auch wenn Sie eine neue Speicherkarte einlegen oder neue Ordner anlegen, wird weiter hochgezählt. Stellen Sie diese Option hingegen auf „Aus", dann beginnt die Nummerierung immer dann wieder bei 0001, wenn eine neue Speicherkarte eingelegt wird, die Speicherkarte formatiert wird, oder Sie einen neuen Ordner anlegen. „Zurücksetzen" bewirkt in der Stellung „Ein" den manuellen Neubeginn bei 0001.

Die Erfahrung zeigt: Belassen Sie es bei der Werkseinstellung („Ein"). Ansonsten haben Sie irgendwann zig verschiedene Fotos gleicher Nummerierung in den Bilderordnern Ihres Computers – das ist nicht nur unübersichtlich, sondern kann ein regelrechtes Chaos verursachen. Wie Sie Ihre Dateien beim Überspielen auf den Computer sinnvoll (um)benennen können, zeige ich Ihnen im Kapitel „Software".

Individualfunktionen

d8 Informationsanzeige In der Werkseinstellung schaltet die Kamera je nach Umgebungslicht zwischen den beiden unten abgebildeten Informationsanzeigearten um. Mir gefällt die linke Version jedoch auch im Dunkeln nicht so gut; die rechte Version ist meiner Meinung nach viel besser abzulesen. Ich habe deshalb manuell „dunkel auf hell" eingestellt. Sie sollten die Variante wählen, mit der Sie am besten zurecht kommen (oder es bei der Automatik belassen).

Ich mag weder den automatischen Wechsel der Anzeigeart, noch gefällt mir die „hell auf dunkel"-Version (links). Ich habe daher die „dunkel auf hell"-Variante fest eingestellt (rechts).

d9 Displaybeleuchtung Wenn es am Aufnahmeort (zu) dunkel ist, lässt sich das oben liegende Informationsdisplay nicht oder nur schwer ablesen. Aktivieren Sie diese Individualfunktion, wird das Display dauerhaft beleuchtet. Ich rate jedoch aus zwei Gründen davon ab: Erstens, weil das Dauerlicht den Akku stark belastet, und zweitens, weil es eine viel bessere Methode gibt, um das Display temporär zu beleuchten: Ziehen Sie den Ein- / Ausschalthebel, der um den Auslöser liegt, einfach kurz bis in die äußere rechte Position, und schon wird das Display für einige Sekunden erhellt.

d10 Spiegelvorauslösung Wenn Sie ein Foto schießen, klappt der Schwingspiegel aus dem Strahlengang, gibt damit den Sensor frei, die Belichtung erfolgt, der Spiegel klappt wieder herunter. Wie wir im Kapitel „Richtig Fokussieren" noch genauer sehen werden, ist eine hochauflösende Kamera wie die D600 jedoch empfindlich gegen Erschütterungen, weil diese die Bildschärfe herabsetzen können. Doch genau das passiert durch den Spiegelschlag: Die Kamera wird erschüttert, wenn auch nur leicht. Um jegliches Restrisiko unscharfer Aufnahmen zu vermeiden, gibt es drei

Individualfunktionen

erprobte Mittel: Die Kamera wird auf ein solides Stativ montiert, die Auslösung erfolgt nicht direkt durch Betätigen des Auslösers, sondern berührungsfrei per Fernauslöser, und die Spiegelvorauslösung wird eingeschaltet. Löst man die Kamera mit aktiver Vorauslösung aus, klappt zunächst nur der Spiegel hoch. Danach wartet die D600 entsprechend der hier eingestellten Zeit (1, 2 oder 3 Sekunden), bis sie den Verschluss auslöst. Wendet man alle drei genannten Maßnahmen gleichzeitig an, so hat man alles getan, was möglich ist, um eine wirklich scharfe Aufnahme zu bekommen.

Ein richtig scharfes Foto? Leider nein, wie der obige 100-Prozent-Ausschnitt zeigt; es ist leicht verwackelt. Mit Stativ, Fernauslöser und der Spiegelvorauslösung wäre die Detailschärfe sehr viel höher ausgefallen.

d11 Blitzsymbol Sind die Umgebungslichtverhältnisse so dunkel, dass der Einsatz eines Blitzes ratsam wäre, macht die D600 Sie durch ein blinkendes Blitzsymbol im Sucher darauf aufmerksam, falls diese Option auf „Ein" steht. Weniger erfahrenen Fotografen rate ich dazu, diese Warnanzeige eingeschaltet zu lassen, denn sie kann vor manchem (zu) dunklen Foto bewahren. Gehören Sie hingegen zu den D600-Besitzern mit mehr Erfahrung, möchten Sie die blinkende Anzeige vielleicht lieber abschalten. Entscheiden Sie nach Erfahrungsstand und Gusto.

Die beiden letzten „d"-Individualfunktionen sind nur für Besitzer des optionalen MB-D14-Handgriffs relevant: Mit **d12 Akku-/Batterietyp** spezifizieren Sie die Stromquelle des Handgriffs für eine genaue(re) Anzeige der Restkapazität. **d13 Akkureihenfolge** legt fest, ob die D600 zuerst den internen Akku oder den des Handgriffs verwenden soll.

Individualfunktionen

e Belichtungsreihen und Blitz

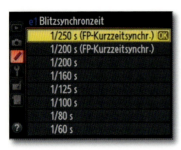

e1 Blitzsynchronzeit Vorab: Diese Individualfunktion gilt ausschließlich für einen optionalen Systemblitz (Aufsteckblitz)! Zunächst gibt es die normalen Blitzsynchronzeiten, bei denen Sie mehrere Zeiten zwischen 1/60 Sekunde und 1/200 Sekunde auswählen können. Zusätzlich bekommen Sie noch zwei sogenannte „FP-Kurzzeitsynchronisationszeiten" angeboten: 1/200 Sekunde und 1/250 Sekunde. An dieser Stelle würde es zu weit führen, dies umfassend zu erklären; blättern Sie hierzu bitte zum Kapitel „Richtig Blitzen". Dort erfahren Sie, weshalb ich als Standardeinstellung für fast alle Situationen 1/250 FP-Kurzzeit empfehle.

e2 Längste Verschlusszeit (Blitz) Mit dieser Einstelloption legen Sie die längste verfügbare Verschlusszeit fest, wenn Sie mit der Programmautomatik (P) oder der Blendenvorwahl (A) fotografieren, und dabei einen Systemblitz verwenden. In der Regel sollten Sie es bei der Voreinstellung von 1/60 Sekunde belassen. Auch zu diesem Thema finden Sie im Kapitel „Richtig Blitzen" alle Details.

e3 Integriertes Blitzgerät Wenn Sie diese Individualfunktion aufrufen, werden Ihnen gleich vier unterschiedliche Untermenüs angeboten – der integrierte Blitz kann nämlich jede Menge! Was die einzelnen Optionen der Untermenüs an (Blitz-) Möglichkeiten für Sie bereit halten, wann man welche davon einsetzen sollte, und was es mit den diversen Einstelloptionen auf sich hat, erfahren Sie ebenfalls ausführlich im Kapitel „Richtig Blitzen", das Ihnen alle Geheimnisse des integrierten Blitzes offenbaren wird.

Individualfunktionen

e4 Belichtungskorrektur bei Blitzaufnahmen und **e5 Einstelllicht** sind die beiden letzten Individualfunktionen, zu deren Erklärung ich Sie wiederum auf das bereits genannte Kapitel zum Blitzen verweisen darf.

e6 Automatische Belichtungsreihen Sie ist für schwierige Lichtsituationen gedacht: Die Belichtungsreihe (engl. „Bracketing"). Man aktiviert sie durch Betätigen der „BKT"-Taste auf der linken Oberseite der Kamera. Mit dem rückseitigen Funktionsrad stellen Sie dazu die Anzahl der Einzelfotos der Reihe ein. Die D600 zeigt sich dabei sehr flexibel, welche Art von Belichtungsreihen sich aufnehmen lassen: Belichtung und Blitz, nur Belichtung, nur Blitz, Weißabgleich, oder auch Active D-Lighting. Mit der Individualfunktion e6 legen Sie fest, welche dieser Optionen sich standardmäßig beim Betätigen der „BKT"-Taste aktiviert; die anderen Möglichkeiten müssen Sie über das Menü anwählen. Mehr zur Bracketing-Funktion, und welche Rolle die Individualfunktion **e7 BKT-Reihenfolge** dabei spielt, lesen Sie im Kapitel „Richtig Belichten".

Die Taste zur Aktivierung der Belichtungsreihe.

Wenn bei schwierigen Lichtverhältnissen nicht viel Zeit für Einstellarbeiten bleibt, ist die Belichtungsreihe ein sehr wirksames Mittel auf dem Weg zum korrekt belichteten Foto.

▶ ISO 200, 200mm, f/5,6, 1/500s
▷ AF-S Nikkor 70-200mm 1:2.8G II ED VR

Individualfunktionen

f Bedienelemente

f1 OK-Taste (Aufnahmemodus) Während des Fotografierens kann es je nach Umgebungslicht passieren, dass Sie das ausgewählte repektive das gerade aktive Fokusmessfeld im wahrsten Sinne des Wortes aus den Augen verlieren. Mit der Option f1 können Sie entscheiden, ob das Betätigen der „OK"-Taste (in der Mitte des Multifunktionswählers) das aktuelle AF-Feld anzeigt, oder ob dadurch das mittlere Messfeld aktiviert wird. Letzteres ist meine Wahl, denn so kann ich das aktive Feld „blind" wieder in die Mittelstellung zurückbringen; egal, wo es sich vorher befunden hat.

f2 Funktionstaste / f3 Abblendtaste Bitte erschrecken Sie nicht, wenn Sie sich das links abgedruckte Menüfoto ansehen: In dieser Form bekommen Sie es nie zu Gesicht; normalerweise handelt es sich um drei einzelne Menüseiten. Die links gezeigte Auswahl ist von mir in Photoshop zusammengebaut worden, um Ihnen auf einen Blick zu zeigen, welch breite Individualisierung – 22 (!) Optionen – sich hier vornehmen lässt. Ich bespreche nun die Funktionstaste (auf dem nebenstehenden Detailfoto unten) sowie die Abblendtaste (oben) in einem Rutsch, da jede dieser Tasten über exakt dieselben auswählbaren Optionen verfügt.

Beide Tasten befinden sich zwischen dem Objektiv und dem Handgriff und lassen sich so „blind" betätigen. Nach etwas Übung hat man schnell heraus, welche Taste wo liegt, ohne die Kamera dabei vom Auge nehmen zu müssen, was ich immer sehr wichtig finde. Doch was ist der Sinn und Zweck dieser beiden Tasten, oder besser gesagt, deren umfangreichen Belegungsmöglichkeiten? Jede dieser Tasten gibt Ihnen die Möglichkeit, eine häufig genutzte Funktion dort hinzulegen, ohne dass Sie sich jedesmal ins Menü begeben müssen – und das stellt eine sehr großartige Erleichterung dar, wie ich meine!

Individualfunktionen

Sie werden aber hoffentlich verstehen, dass es mir angesichts dieser enormen Vielfalt sehr schwer fällt, Ihnen dazu eine Empfehlung zu geben, welche Funktion auf welcher Taste die jeweils beste Option darstellt. Deshalb lautet mein Rat: Überlegen Sie sich, auf welche Funktion, die sinnvollerweise nicht sowieso schon durch eine eigene Funktionstaste am Gehäuse direkt aufgerufen werden kann, Sie während des Fotografierens sehr häufig zurückgreifen. Ich bin sicher, dass Sie *Ihre* Funktionen unter der angebotenen Auswahl finden werden.

Ich habe mich bei der Abblendtaste für die Aktivierung des virtuellen Horizonts entschieden, da ich diesen häufig benutze. Für die Funktionstaste habe ich die Umschaltung vom FX- auf das DX-Format gewählt, weil ich auch davon relativ oft Gebrauch mache. Dies sei aber bitte nur als Anregung verstanden; Sie müssen selbst herausfinden, welche Funktionsbelegung für Sie optimal ist, um es nochmals zu betonen.

f4 AE-L/AF-L-Taste Diese Taste befindet sich zwischen dem Sucherokular und dem hinteren Einstellrad. Hinter dieser Taste verbirgt sich mehr als Sie vielleicht glauben, denn auch sie lässt sich (um-) programmieren. Hier ist die Auswahl allerdings nicht ganz so groß, es werden aber immerhin noch sechs Möglichkeiten angeboten. Wie bei der Funktionstaste und der Abblendtaste haben sich die Konstrukteure auch in diesem Fall Gedanken um die Position gemacht: Die Taste liegt so, dass Sie sie schnell und „blind" mit dem Daumen treffsicher erreichen können.

Sechs Funktionen stehen also für die Belegung der AE-L/AF-L-Taste zur Wahl. Trotz der kleineren Spannbreite kann ich Ihnen auch hier keine allgemeingültige Empfehlung für alle Fälle geben, da Ihr persönlicher Geschmack und Ihre Art zu fotografieren erneut eine große Rolle spielen. Aber die Vor- und Nachteile der Optionen will ich gerne aufzeigen:

Belichtung und Fokus speichern ist die Standardeinstellung für die AE-L/AF-L-Taste. Dies kann ich persönlich jedoch nicht empfehlen: Fokus und Belichtung gleichzeitig zu speichern macht für mich keinen rechten Sinn, da beides meist unterschiedlichen Prioritäten unterliegt.

Individualfunktionen

(Nur) die **Belichtung speichern**: Kann man machen, wenn man möchte, denn so können Sie den Fokuspunkt (per Auslöser) und die Belichtung (per AE-L/AF-L-Taste) getrennt voneinander steuern, was eine sinnvolle Kombination ist.

Belichtung speichern ein/aus wirkt genau wie die vorherige Option, mit einem wesentlichen Unterschied: Die Belichtung bleibt so lange gespeichert, bis Sie die Taste ein zweites Mal drücken, oder bis sich der Belichtungsmesser der D600 abschaltet (Ruhezustand). Dies ist zum Beispiel für Serien von Aufnahmen eine gute Wahl: Dabei ist es gut, wenn sich die Belichtung zwischen den Fotos nicht ändert.

(Nur den) **Fokus speichern**: Sie separieren wieder Fokus und Belichtungsmessung, nutzen Auslöser und Taste jedoch in umgekehrter Weise. Dagegen ist nichts einzuwenden.

Entscheiden Sie sich für die **AF-ON**-Funktion, stellt die D600 künftig nur noch dann scharf, wenn Sie die AE-L/AF-L-Taste betätigen – also nicht mehr durch Drücken des Auslösers bis zum ersten Druckpunkt! Warum diese Option genau deshalb mein absoluter Favorit ist, beschreibe ich im Kapitel „Richtig Fokussieren" ausführlich.

Schlussendlich bietet Ihnen die Funktion **Blitzbelichtungsspeicher** die Option, die vom (internen oder aufsteckbaren) Blitz gemessenen Werte zu fixieren. Die Speicherung bleibt so lange erhalten, bis die Taste ein zweites Mal gedrückt wird. Diese Einstellung als Funktionsbelegung zu wählen, ist empfehlenswert, wenn Sie häufig mit Blitz arbeiten. Es ist für mich eine der sinnvollsten Belegungen.

Welche Belegung der drei programmierbaren Tasten für Sie den meisten Sinn ergibt, erkennen Sie im Praxiseinsatz schnell. Lassen Sie sich aber genug Zeit, bis Sie sich festlegen.

▶ *ISO 100, 16mm, f/8, 1/125s*
▷ *AF-S Nikkor 16-35mm 1:4G ED VR*

Individualfunktionen

f5 Einstellräder Nicht nur mehrere Tasten, sondern auch die Nutzung der beiden Einstellräder können Sie Ihren individuellen Wünschen anpassen. Die erste Option betrifft die Auswahlrichtung. Normalerweise wird der reine Zahlenwert einer Einstellung größer, wenn Sie ein Einstellrad nach rechts drehen. Beispiel: Blende 5,6 wird bei einem Rechtsdreh zu Blende 8; 1/250 Sekunde ändert sich auf 1/500 Sekunde, die Belichtungskorrektur springt von +0,3 auf +0,7. Wenn Sie nach links drehen, werden die Zahlenwerte kleiner. Dies können Sie umdrehen, sodass ein Rechtsdreh künftig einen kleineren Zahlenwert und ein Linksdreh einen größeren Zahlenwert bewirkt.

Gemäß Werkseinstellung regelt das vordere Einstellrad die Blende, das hintere die Belichtungszeit. Dies können Sie ebenfalls umkehren. Zudem können Sie nur für den Aufnahmemodus A (Blendenvorwahl) die Verstellung der Blende nach hinten verlegen, sodass bei A und S (Zeitvorwahl) der Wert stets mit dem hinteren Rad eingestellt wird.

Fotografieren Sie noch oder auch mit Objektiven, die einen Blendenring besitzen, so können Sie mit dieser Individualfunktion festlegen, dass die Blende nur über den mechanischen Ring, aber nicht über das Einstellrad der Kamera eingestellt werden kann – normalerweise ist beides möglich, wenn es sich um ein Objektiv mit CPU (Elektronik) handelt. Ist hingegen ein Objektiv ohne CPU an Ihrer D600 montiert, so muss die Blendenvorwahl auf jeden Fall mit dem mechanischen Blendenring vorgenommen werden; ganz gleich, welche Einstellung Sie hier festgelegt haben.

Während ich bei den drei zuvor gezeigten Optionen für die Einstellräder persönlich keine Veranlassung gesehen habe, die Voreinstellungen zu ändern, sehe ich das bei der Funktion „Menüs und Wiedergabe", die werksseitig auf „Aus" steht, anders. Stellen Sie diese auf „Ein", dann können Sie bei der Bildbetrachtung künftig mit dem hinteren Einstellrad durch die Aufnahmen blättern, während das vordere Einstellrad zwischen den verschiedenen Ansichtsmodi der Fotos wechselt. Das finde ich äußerst praktisch und zudem viel komfortabler, als die Bildnavigation mit dem Multifunktionswähler vorzunehmen. Sie können die Funktion generell ein-

Individualfunktionen

schalten oder aber so einrichten, dass sie nur bei der Bildbetrachtung, nicht aber bei der Bildkontrolle (direkt nach dem „Schuss") aktiv ist. Welche der beiden Möglichkeiten Sie bevorzugen, ist Geschmackssache; einschalten sollten Sie die Funktion aber auf jeden Fall.

f6 Tastenverhalten Normalerweise drücken Sie eine Taste, um eine bestimmte Funktion zu aktivieren, oder eine Einstellung mit Tastendruck und gleichzeitiger Betätigung des Einstellrads zu verändern. In beiden Fällen müssen Sie die Taste so lange gedrückt halten, bis Sie die gewünschte Einstellung vorgenommen haben. Ändern Sie die Individualfunktion f6 auf „Ein & aus" ab, dann reicht ab sofort ein kurzer Tastendruck, und die Taste verhält sich so, als bliebe sie fortlaufend gedrückt. Um die jeweilige Funktion wieder zu deaktivieren, müssen Sie die Taste erneut betätigen. Ich muss gestehen: Mit der abgeänderten Variante „Ein & aus" habe ich mich nie anfreunden können. Ich finde die werksseitige Voreinstellung praktischer und schneller in der Handhabung. Meine Empfehlung lautet daher, es besser bei der Werkseinstellung zu belassen.

f7 Auslösesperre „Das darf doch nicht wahr sein!" dachte ich vor einigen Jahren einmal, als ich nach einem kleinen Nachmittagsausflug die handvoll Fotos, die ich dabei geschossen hatte, überspielen wollte. Es gab aber keine Fotos, weil ich keine Speicherkarte in die Kamera gelegt hatte. Peinlich, aber genau so war es. Deshalb bitte ich Sie geradezu inständig: Stellen Sie diese Funktion auf „LOCK". Dann können Sie den Auslöser nur betätigen, wenn eine Speicherkarte in der Kamera ist. Und müssen nicht irgendwann mal eine ähnlich peinliche Geschichte erzählen...

f8 Skalen spiegeln Bei der D600 sind positive (oder höhere) Werte am rechten Ende jeder Skala; negative (niedrigere) befinden sich links; so, wie wir es in Europa gewohnt sind. In manchen Regionen der Erde ist dies jedoch genau umgekehrt: Vom Nullpunkt einer Skala aus gesehen befindet sich ein positiver Wert links, ein negativer rechts. Sollten Sie also aus solch einer Region kommen, und möchten Sie die Ihnen besser vertraute umgekehrte Plus-/ Minus-Ausrichtung der Skalen verwenden, können Sie dies hier aktivieren.

Individualfunktionen

f9 AE-L/AF-L-Taste des MB-D14 Der optionale Batteriehandgriff MB-D14 hat eine eigene AE-L/AF-L-Taste, die Sie hier genauso konfigurieren können wie die entsprechende Taste an der D600 selbst (mit der Individualfunktion f4). Es macht aus meiner Sicht keinen Sinn, ja ich finde es sogar ziemlich verwirrend, für die Taste des Handgriffs etwas anderes einzustellen als an der Kamera. Bei mir lautet die Einstellung für beide AE-L/AF-L-Tasten deshalb „AF-ON Autofokus aktivieren" – warum das so ist, erfahren Sie im Kapitel „Richtig Fokussieren".

Der Chronologie des Kameramenüs folgend, wären nun die Individualfunktionen „g Video" an der Reihe. Da ich den Videofunktionen der D600 jedoch ein eigenes Kapitel widme, werde ich die dazugehörigen Individualfunktionen sinnvollerweise auch dort besprechen.

▶ ISO 100, 23mm, f/8, 1/250s
▷ AF-S Nikkor 16-35mm 1:4G ED VR

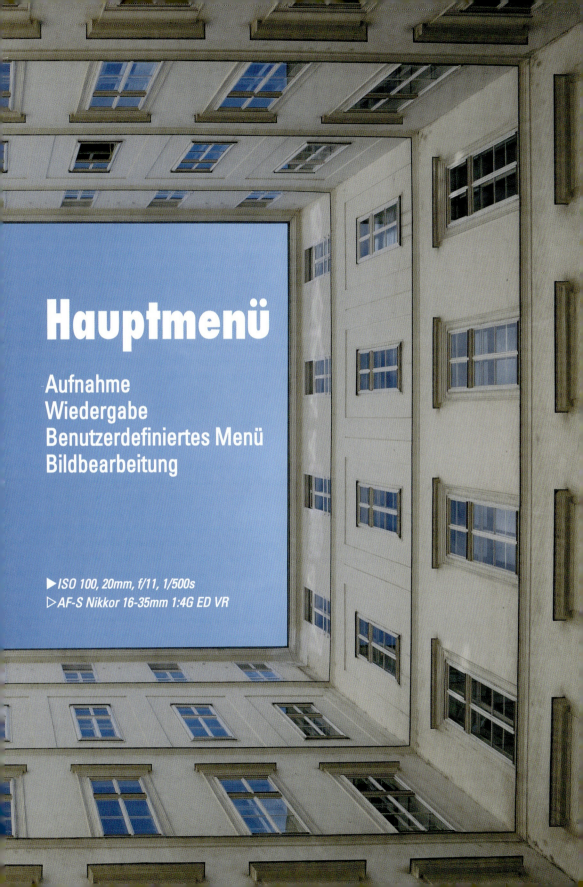

Aufnahme

Aufnahme

Im diesem Menü stellen Sie die Parameter rund um Ihre Aufnahmen ein. Sie werden feststellen: Auch hier ist das Angebot wieder groß. In gewohnter Manier sehen wir uns nun Punkt für Punkt an, mit welchen Optionen das Aufnahmemenü der D600 den Fotografen unterstützen möchte.

Der erste Eintrag lautet „**Zurücksetzen**". Das ist mit Vorsicht zu genießen, denn beim Bestätigen mit „OK" stehen alle Einstellungen für die Aufnahme wieder auf den Standard-Werten ab Werk. Sehr hilfreich ist das Zurücksetzen jedoch, wenn Sie sich irgendwann einmal im Menü verzettelt haben – das kommt vor. Setzen Sie die Kamera in diesem Fall zurück, und stellen Sie alles ganz in Ruhe neu ein.

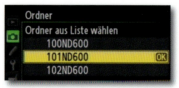

Im Menüpunkt „**Ordner**" können Sie Ihre Fotodateien schon vor der Aufnahme strukturieren und katalogisieren. Sie können Ordner mit fortlaufenden Nummern anlegen und zu Beginn der Aufnahmeserie auswählen, in welchem Ordner die D600 die Fotos speichern soll. Die Auswahl kann dabei durch direkte Eingabe der Nummer erfolgen, oder Sie wählen einen bereits vorhandenen Ordner aus der Liste aus.

Der **Dateiname** eines D600-Fotos lautet normalerweise „DSC_1234" für Fotos in sRGB und „_DSC1234" für Aufnahmen, die im Adobe RGB-Farbraum aufgenommen werden. Wenn Sie die Standardeinstellung individualisieren möchten, können Sie die drei Buchstaben durch eine frei auswählbare Kombination Ihrer Wahl ersetzen.

Die D600 hat bekanntlich zwei **SD-Kartenschächte**. Hier legen Sie nun fest, wie sie mit diesen umgehen soll. Entweder schreibt die Kamera nacheinander auf beide Karten (Reserve), oder sie legt die Fotos auf beide Karten gleichzeitig, also doppelt, ab (Sicherungskopie), oder aber Sie lassen RAWs auf Karte eins und JPEGs auf Karte zwei speichern, um beides von Anfang an sauber zu trennen. Wenn Sie in RAW und JPEG gleichzeitig fotografieren, empfehle ich Ihnen auf jeden Fall die letztgenannte Variante.

Aufnahme

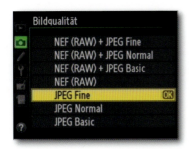

Ein sehr wichtiger Menüpunkt: Die Wahl der **Bildqualität**. Dabei haben Sie zunächst die grundsätzliche Auswahl zwischen RAW oder JPEG; mehr zur Wahl zwischen beiden Formaten lesen Sie im gleichnamigen Kapitel in diesem Buch. Bei JPEGs können Sie zusätzlich bestimmen, ob diese mit der besten (Fine), der normalen (Normal) oder einer reduzierten (Basic) Qualität aufgezeichnet werden. Möchten Sie RAWs und JPEGs simultan aufzeichnen, so können Sie auch dann für die JPEGs die Qualitätsstufe festlegen.

Mit der JPEG-Qualität geht die Dateigröße einher. Je niedriger die Qualitätsstufe, desto mehr komprimiert die Kamera das Foto. Damit werden kleinere Dateien erzeugt, sodass mehr Fotos auf die Speicherkarte passen. Damit stellt sich aber unweigerlich ein Qualitätsverlust ein, der um so stärker ausfällt, je höher die Kompression greift. Ich rate Ihnen, stets nur „JPEG Fine" zu wählen. Warum? Ich möchte es so ausdrücken: Wenn Sie beim Speichern der Fotos deren Qualität mindern wollen, warum haben Sie dann eine D600 gekauft? JPEG Fine. Immer. Punkt.

Unten abgebildet ein 100-Prozent-Detailausschnitt eines Fotos. Links als JPEG bester Qualität, rechts mit der höchstmöglichen Kompression. Man sieht deutlich dass feine Details verloren gehen.

Generell werden Sie beim Menüpunkt „**Bildgröße**" die höchste Auflösung von 24 Megapixel wählen. Doch es gibt auch Ausnahmen: Beispielsweise dann, wenn Sie in RAW plus JPEG fotografieren, und dem JPEG dabei eine ganz bestimmte Aufgabe zugedacht ist, wie ich es zum Beispiel im Kapitel „Mein Zubehör" im Zusammenhang mit dem iPad beschreibe. Auch dann, wenn Sie Fotos mit dem optionalen Drahtlos-Adapter WU-1b und einem Smartphone versenden möchten (mehr dazu später in einem eigenen Kapitel), kann eine kleine(re) Dateigröße durchaus sinnvoll sein.

Aufnahme

Die **Bildfeld**-Option habe ich Ihnen im Kapitel „Die D600 im Detail" bereits ausführlich beschrieben. Der Vollständigkeit halber sei aber auch an dieser Stelle nochmals erwähnt, dass sich die D600 automatisch in den DX-Modus versetzt, sofern ein entsprechendes Objektiv angeschlossen wird und die obere Option auf „ON" steht, und es besteht die Möglichkeit, die Kamera auch manuell auf DX umzuschalten, um so zum Beispiel eine höhere Telewirkung zu erzielen.

Wahrscheinlich brauche ich Ihnen nicht zu erklären, dass Sie bei der **JPEG-Komprimierung** stets die Einstellung „Optimale Bildqualität" wählen sollten, weil die Option „Einheitliche Dateigröße" das ohnehin schon verlustbehaftete JPEG-Format noch stärker belastet. Ich erwähne diesen Aufnahmemenüpunkt hier dennoch, weil die Kamera ab Werk (unverständlicherweise) auf „einheitlich" gestellt ist, und viele Neubesitzer schlicht vergessen, dies umzustellen.

Bezüglich der nun folgenden **RAW-Einstellungen** scheiden sich die Geister, und man findet in allen Nikon-Foren unzählige Diskussionen zu diesem Thema. Daher möchte ich an dieser Stelle nochmals betonen: Ich gebe Ihnen meine persönlichen Empfehlungen, erhebe aber nicht den Anspruch, dass meine Meinung zum Thema „RAW" die einzig richtige ist. Wenn Sie andere Einstellungen bevorzugen und damit gute Erfahrungen gemacht haben, spricht nichts dagegen, diese weiter zu verwenden.

Verlustfrei komprimieren Diese Methode verwendet einen umkehrbaren Kompressionsalgorithmus. Dies bedeutet, dass die Rohdaten bei der Speicherung komprimiert werden, die Kompression aber auch vollständig rückgängig gemacht werden kann, so dass die volle Qualität erhalten bleibt. Dies funktioniert (ganz grob) so ähnlich wie bei einer ZIP-Datei, die Sie bestimmt von Ihrem Computer her gut kennen.

Komprimieren (verlustbehaftet) Dabei wird ein *nicht* umkehrbarer Kompressionsalgorithmus angewendet. Es treten Verluste an Bildinformationen auf, die nicht mehr rückgängig gemacht werden können. In diesem Zusammenhang ist es interessant, sich die Größenunterschiede der beiden Varian-

Aufnahme

ten einmal näher anzusehen. Ich habe dazu unter identischen Bedingungen, mit manuellen Einstellungen und gleichbleibender Studiobeleuchtung, ein und dasselbe Motiv mit unterschiedlichen Kompressionseinstellungen aufgenommen. Verlustfrei komprimiert ist es 26,8 MByte, mit Verlust komprimiert bleiben 22,7 MByte.

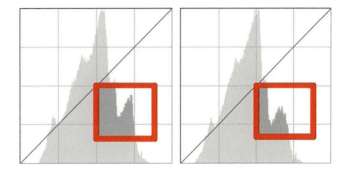

Zwei Histogramme einer RAW-Datei. Links die verlustfrei komprimierte, rechts die verlustbehaftete Variante. Deutlich ist zu sehen, dass bei Letzterer in einigen Bereichen Informationen fehlen.

Ebenfalls einen Blick wert sind die Unterschiede zwischen einer verlustbehaftet komprimierten und einer verlustfrei komprimierten RAW-Datei, wenn man sich deren Histogramme einmal ganz genau im Detail ansieht. Es ist zwar an vielen Stellen im direkten Vergleich beider Histogramme sichtbar, aber in den Bereichen, die ich rot markiert habe, wird es sehr deutlich: Im verlustbehaftet komprimierten RAW (rechtes Histogramm) fehlen Informationen. Es scheint, als schneide die Komprimierung dabei einige „Spitzen" ab, die sie für den Bildinhalt als nicht so wichtig erachtet, um damit die Dateigröße zu verringern.

RAW-Kompression: Mein Fazit

Aufgrund der vorgenannten Tatsachen scheidet die verlustbehaftete Komprimierung für mich kategorisch aus. Man fotografiert ja in RAW, um eben keinerlei Verluste hinnehmen zu müssen, so gering diese auch sein mögen. Natürlich könnte man mit der verlustbehafteten Kompression etwas Speicherplatz sparen. Aber das empfinde ich bei weitem nicht als wichtig genug, um damit den Informationsverlust in der RAW-Datei zu rechtfertigen. Ich habe mich also für die verlustfreie Komprimierung entschieden; diese erkauft man sich nicht auf Kosten der Qualität, denn man kann das hohe Leistungspotenzial der D600 in vollem Umfang erhalten.

Aufnahme

Bleiben wir noch bei RAW und einem weiteren Aspekt, über den ebenfalls oft gestritten wird: **12 Bit oder 14 Bit** Farbtiefe. Dazu betrachten wir zunächst einmal, was das rein rechnerisch bedeutet. Mit 12-Bit-RAW können 4.096 Helligkeitsinformationen gespeichert werden, mit 14-Bit-RAW 16.384 – exakt die vierfache Menge. Deshalb könnte man annehmen, dass ein 14-Bit-RAW ein breiteres Farbspektrum und einen größeren Dynamikumfang besitzt. Theoretisch ist das auch richtig, aber: Der limitierende Faktor ist der Bildsensor. Denn dessen Fähigkeiten ändern sich nicht, egal, ob man ein RAW mit 12 Bit oder mit 14 Bit aufzeichnet.

Welchen Vorteil hat man aber dann von der 14-Bit-Option? Die Daten, die der Sensor bereit stellt, können in vier Mal so feinen Abstufungen gespeichert werden. Dies sorgt bei der späteren Bildbearbeitung dafür, dass jegliche Behandlung der Originaldaten sehr viel präziser erfolgen und somit das Ergebnis sichtbar verbessern kann. Damit wir uns nicht falsch verstehen: Ob und in welchem Maße der Unterschied in der Praxis tatsächlich sichtbar wird, hängt stark vom jeweiligen Bild, genauer von dessen Inhalten, ab. Wird es zum Beispiel in der Bildbearbeitung erforderlich, Schattenpartien nachträglich aufzuhellen, um die dortigen Details besser hervorzuholen, so kann (nicht muss!) das Endergebnis mit 14 Bit besser aussehen als mit 12 Bit.

Die Dateigröße kommt auch wieder ins Spiel: Das schon zuvor benutzte Testfoto habe ich ebenfalls in unterschiedlichen Bittiefen (jeweils mit verlustfreier Kompression) geschossen. 26,8 MByte ist es in 14 Bit groß, 22,7 MByte beträgt seine Größe in 12 Bit. Ein Unterschied ist da, der aber sicherlich nicht ausschlaggebend ist. Letzter Faktor: Die Rechenleistung. Denn die Komprimierung eines RAWs benötigt Rechenarbeit, und die muss beim Abspeichern vom Prozessor der Kamera geleistet werden. Da bei einem 14-Bit RAW, wie zuvor dargelegt, die vierfache Menge an Informationen zu berechnen ist, steigt die benötigte Rechenpower exponential an. Die Nikon D300 zum Beispiel bricht im Serienbildmodus, wenn die 14-Bit-RAW-Speicherung aktiviert ist, von ihrer normalen Leistung (sechs Bilder pro Sekunde) auf etwas über zwei Bilder pro Sekunde ein, einfach deshalb, weil ihr Prozessor ans Limit kommt. Bei der D600 gilt das jedoch nicht: Sie hat sehr viel mehr Rechenkraft als die schon etwas betagte D300, sodass Sie zwischen 12-Bit- und 14-Bit-RAW normalerweise keinen Unterschied hinsichtlich der Verarbeitungsgeschwindigkeit merken werden.

RAWs in 14 Bit (mit verlustfreier Komprimierung) aufzeichnen, so lautet meine Empfehlung: Die D600 wird nicht langsamer, die Dateien sind nicht dramatisch größer als mit 12 Bit, und ein Foto kann möglicherweise nach der Bearbeitung besser aussehen (im Sinne von: mehr Nuancen enthalten) als mit 12 Bit. Wenn ich ehrlich bin, muss ich dem aber hinzufügen: Unter normalen Umständen konnte ich bei den Fotos der D600 keinen sichtbaren Unterschied zwischen 12 Bit und 14 Bit feststellen. Es bleibt also Ihrer persönlichen Einschätzung überlassen, welche Wahl Sie letztendlich treffen.

Zwei Fotos, im Abstand von wenigen Sekunden unter identischen Bedingungen vom Stativ aus geschossen. Eines wurde aus einem 12-Bit-RAW entwickelt, das andere aus einem 14-Bit-RAW (jeweils mit verlustfreier Kompression). Können Sie den Unterschied sehen? Ich sehe keinen.

Ich hoffe, Sie werden mir verzeihen, dass ich an dieser Stelle die Besprechung des Aufnahmemenüs temporär verlasse, um mich den Dateiformaten zu widmen, die die D600 aufzeichnen kann – es passt einfach perfekt an dieser Stelle. Nach dem kleinen Schlenker geht es natürlich nahtlos mit der folgenden Option des Aufnahmemenüs weiter.

Raw oder JPEG – die alte Streitfrage

Etwas Mathematik ist vonnöten, um den Unterschied zwischen RAW und JPEG besser zu verstehen. Keine Angst: Ich werde Sie nicht mit Zahlen und Fachausdrücken bombardieren, sondern mich auf das Notwendige beschränken. Doch der Reihe nach: JPEG kennt jeder, JPEG nutzt jeder. Obwohl es in vielfältiger Hinsicht inzwischen weitaus bessere Formate zur Speicherung und Verarbeitung eines Digitalfotos gibt, hat JPEG sich als Standard weltweit durchgesetzt. Deshalb ist JPEG im Alltag auch so schön einfach: Ihre Kamera, Ihr Computer, Ihr Drucker, Ihr Fernseher (wenn er neueren Datums ist), diverse Multimedia-Geräte, Spielckonsolen und viele Geräte mehr können JPEG anzeigen.

Da liegt es also nahe, in JPEG zu fotografieren, denn so kann man die Fotos ohne Umweg auf diesen Geräten verwenden; vielfach reicht es sogar aus, die Speicherkarte aus der D600 zu nehmen und in ein solches Gerät zu stecken – fertig. Hinzu kommt die Tatsache dass die D600 dazu in der Lage ist, ganz hervorragende JPEG-Fotos zu produzieren. Je nach gewählter Voreinstellung (siehe Kapitel „Picture Control") kommen scharfe, farblich ansprechende und brillante – kurz knackige – Fotos dabei heraus. Was will man also mehr, wo hat RAW dann noch seine Berechtigung?

JPEG kann maximal mit 8 Bit Farbtiefe pro Kanal umgehen. Da es drei Farbkanäle gibt (RGB; Rot, Grün, Blau) kann JPEG also höchstens 8 Bit mal 3 (Kanäle) = 24 Bit an Farben darstellen, weshalb man auch von 24-Bit-RGB spricht. Für alle Nicht-Mathematiker (wie mich) zur Verdeutlichung, was das konkret bedeutet: JPEG unterscheidet pro 8-Bit-Farbkanal maximal 256 Abstufungen; in seiner 24-Bit-Gesamtheit können demnach bis zu 16.777.216 (rund sechzehn Millionen) Farbabstufungen dargestellt werden.

Kommen wir zum RAW. Die D600 zeichnet die Rohdaten jedes Fotos mit bis zu 14 Bit Farbtiefe auf. Mit diesen 14 Bit können statt der 256 Abstufungen bei JPEG satte 16.384 Abstufungen pro Farbkanal unterschieden werden, wie ich schon dargelegt habe – also die 64-fache Menge von JPEG! Stellt man nun die gleiche Berechnung an wie beim JPEG, so ergibt sich: 14 Bit mal 3 (Farbkanäle) ergibt 42 Bit – oder die Zahl von 4.398.045.511.104 (fast vier Komma vier Billionen!) Abstufungen.

Lassen Sie sich aber bitte von den ganzen Zahlen, die Sie bis hierhin gelesen haben, nicht verwirren. Alles, was Sie zur Entscheidung für eines der beiden Formate bedenken müssen: JPEG ist einfach in der Handhabung und liefert meist sehr gute Ergebnisse. Alles an Qualität aus Ihrer D600 heraus zu holen, vermag jedoch nur RAW, das zudem noch deutlich weitreichendere Korrektur- und Nachbearbeitungsmöglichkeiten bietet als JPEG – dafür ist RAW aber auch mit einem deutlich höheren Arbeitsaufwand verbunden. Was also ist die richtige Wahl?

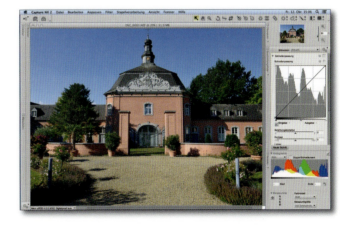

Nur ein RAW bietet auch nachträglich noch umfassende Möglichkeiten zur Fehlerbereinigung und zur Optimierung, was allerdings mit einigem zeitlichen Aufwand verbunden sein kann.

Dazu ein weiterer Aspekt, den man keinesfalls vergessen darf: Neben den Zahlenspielen, die ich schon beleuchtet habe, gibt es noch einen ganz wesentlichen Unterschied zwischen RAW und JPEG. In ein JPEG-Foto sind alle Voreinstellungen (Schärfe, Farbsättigung, Weißabgleich und so weiter) fest „eingebrannt", weil die Kamera diese Parameter beim Abspeichern als JPEG zur Erstellung des Fotos berücksichtigt. Doch ein RAW – der englische Begriff bedeutet be-

RAW oder JPEG

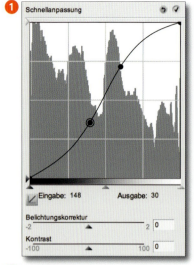

kanntlich „roh" – ist ganz anders. Hierbei liest der RAW-Converter auf dem Computer die rohen Daten ein, die die D600 bei der Aufnahme gespeichert hat. Es handelt sich also zu diesem Zeitpunkt noch gar nicht um ein Foto; deshalb ist RAW, wenn man es genau nimmt, auch kein Bildformat. Daher ist es (nur!) mit einem RAW-Konverter möglich, auch nachträglich noch ohne Qualitätseinbußen (!) sehr viel an einem Foto zu ändern oder zu verbessern, wie ich Ihnen an ein paar Beispielen zeigen möchte:

❶ Die Bildkontraste sind etwas flach? Kein Problem, einfach im RAW-Konverter nachträglich anheben.
❷ Einige Bildbereiche könnten eine nachträgliche Aufhellung vertragen? Auch das ist bei RAW kein Problem.
❸ Es war versehentlich der falsche Weißabgleich eingestellt? Lässt sich problemlos beheben.
❹ Der Picture Style passt nicht so recht? Zwei Mausklicks, und das Problem ist keines mehr.
❺ Mit RAW ist noch sehr viel mehr möglich als hier gezeigt, wie das letzte Menüfoto vielleicht ahnen lässt. Alle hier gezeigten Möglichkeiten stammen übrigens aus Capture NX2, dem hauseigenen RAW-Konverter von Nikon, der aber leider optional erworben werden muss, doch die beiliegende Software „ViewNX 2" kann ähnliches bieten.

Das Beste aus zwei Welten

Bisher habe ich Ihnen aufgezeigt, dass JPEG einfach in der Handhabung und hoch kompatibel ist, aber dass RAW das ungleich flexiblere Format bezüglich der Nachbearbeitung darstellt, aus dem sich darüber hinaus eine dem JPEG überlegene Qualität herausholen lässt. Damit sind wir auf dem

RAW oder JPEG

Weg zur Entscheidung für oder wider RAW oder JPEG allerdings noch nicht viel weiter gekommen. Deshalb möchte ich Ihnen an dieser Stelle gerne meine persönliche Strategie vorstellen, die sich seit Jahren bestens für mich bewährt hat. Sie geht der Frage „RAW oder JPEG?" ganz elegant aus dem Weg: Ich nutze beides parallel. Warum, das möchte ich Ihnen jetzt erläutern.

Die Einstellung auf dem links oben gezeigten Menüfoto ist die, die ich verwende: Jedes Mal, wenn die D600 ein Foto aufnimmt, wird es also gleichzeitig als JPEG und RAW gespeichert. Die Kamera ist dabei mit den Picture Controls (dazu später mehr) auf meine Vorlieben eingestellt. So weit, so gut. Nicht verschwiegen werden darf allerdings, dass der Platzbedarf auf der Speicherkarte durch die gleichzeitige Speicherung zweier Dateien pro Foto nennenswert ansteigt – logisch.

Aber welchen Vorteil habe ich dann von dieser Doppelstrategie? Ganz einfach. Nach dem Überspielen auf mein Notebook kann ich die JPEGs sofort begutachten, ohne dass ich erst nachbearbeiten muss. Haben sich meine gewählten Einstellungen als passend erwiesen, so gibt's für mich nichts weiter zu tun: Ich habe mein Foto schon „im Kasten".

Auch aus einem technisch suboptimalem Foto (oben) lässt sich dank RAW noch einiges herausholen (unten).

Doch natürlich kommt es vor, dass eben nicht alles perfekt ist. Beispiele habe ich Ihnen auf dieser Doppelseite genannt. All dies (und vieles mehr) ist bei der RAW-Bearbeitung mit einem Programm wie ViewNX 2 problemlos möglich – in JPEG geht das einfach nicht. Deshalb bearbeite ich die Fotos, die eine Fehlerbereinigung oder eine Verbesserung vertragen können, nachträglich mit dem RAW-Konverter – aber eben **nur** diese Fotos!

Die Quintessenz: Die meisten Aufnahmen sind als JPEGs perfekt, sofern die Voreinstellungen und meine „Handwerksleistung" als Fotograf gestimmt haben. Einige wenige Fotos gilt es jedoch nachzubearbeiten. Um dabei einerseits die Qualität vollständig zu erhalten und andererseits so flexibel wie möglich zu sein, erledige ich dies immer nur an der RAW-Datei. Mein Fazit: RAW+JPEG bedeutet stets die optimale Qualität bei geringst möglichem Aufwand.

RAW oder JPEG

An anderer Stelle habe ich einmal davon gesprochen, dass es beim parallelen Speichern in RAW und JPEG durchaus auch mal sinnvoll sein kann, JPEG nicht in der größtmöglichen Auflösung zu verwenden. Achtung: Ich meine die reine Bildgröße, nicht die Qualitätsstufe, denn diese sollte unabhängig von der Größe immer so hoch wie möglich sein!

Worum es geht: Ich bin neuen Medien und Gerätschaften immer dann sehr zugetan, wenn diese mir bei meinen Fotoprojekten hilfreich sein können. Und so habe ich vor einer Weile das iPad 3 entdeckt. Es eignet sich durch sein recht großes, hochauflösendes und brillantes Display nämlich hervorragend dazu, die eben erst geschossenen Fotos genauestens zu begutachten. Die Bildkontrolle ist also deutlich präziser, als dies auf dem zwar sehr guten, aber vergleichsweise viel kleineren Display der D600 möglich ist.

Wenn ich einmal mit leichterem Gepäck, sprich ohne Notebook aber mit iPad, unterwegs sein möchte, setze ich zwar auch auf meine bewährte RAW plus JPEG-Strategie, wandele diese aber leicht ab: Nachdem die Fotos geschossen sind, überspiele ich nur die JPEG-Dateien auf das iPad. Damit das funktioniert, ist es erforderlich, die Speicherkartenschächte der D600 so einzurichten, dass RAWs und JPEGs getrennt voneinander abgespeichert werden, wie links zu sehen. Nach dem Überspielen kann ich mir dann meine Schüsse in aller Ruhe und in bester Qualität auf dem iPad ansehen und dabei auch schon eine Vorauswahl treffen.

Nun wäre es aber kontraproduktiv, 24-Megabyte-Dateien mit einer Auflösung von 6.016 mal 4.016 Bildpunkten zu überspielen, denn das iPad 3 kann maximal 2.048 mal 1.536 Pixel darstellen. Zudem wäre der (leider nicht erweiterbare) Speicher des iPads viel zu schnell voll. Daher wähle ich in diesem Fall die kleinstmögliche JPEG-Größe „S", das sind 3.008 mal 2.008 Pixel. Das reicht für eine treffsichere Begutachtung der Fotos immer noch locker aus, und geht zudem viel sparsamer mit dem Speicherplatz des Tablets um, weil es sich jetzt nur noch um Sechs-Megapixel-Dateien handelt. Der Nachteil dieser Strategie muss genannt werden: Ich muss die RAWs später am Computer nochmals umwandeln, um auch JPEGs mit voller Auflösung erhalten zu können.

Aufnahme

Nun ist unser Abstecher beendet, und wie versprochen geht es mit dem nächsten Punkt des Aufnahmemenüs weiter: Dem **Weißabgleich**. Neben dem automatischen Weißabgleich, den wir uns später noch etwas genauer ansehen, bietet die D600 acht weitere Einstellmöglichkeiten für unterschiedliche Lichttemperaturen. Wann es ratsam ist, den automatischen Weißabgleich zu verlassen und stattdessen eine der anderen Voreinstellungen zu wählen, eine Farbtemperatur per Hand über einen Kelvin-Wert einzustellen, oder wann der Weißabgleich besser vor Ort gemessen werden sollte, erfahren Sie im Kapitel „Weißabgleich".

Eine etwas versteckte Option, die den automatischen Weißabgleich betrifft, mit dem Sie in den meisten Fällen fotografieren werden, sehen wir uns aber sofort an. Nur wer ganz genau hinschaut, stellt fest, dass die Weißabgleichseinstellung „AUTO" am rechten Rand mit einem kleinen Pfeil versehen ist. Drückt man rechts auf den Multifunktionswähler, öffnet sich ein Untermenü, das die Wahlmöglichkeit zwischen „AUTO1 Normal" und „AUTO2 Warme Lichtstimmung" anbietet. Damit wäre das Geheimnis gelüftet: Den automatischen Weißabgleich gibt es bei der D600 gleich in zwei unterschiedlichen Ausführungen!

Nomen est omen: Fotografieren Sie mit „AUTO2", werden die Farben etwas wärmer, also mit einem leichten Versatz Richtung Rot-Orange, aufgezeichnet. Sie können hier nach Gusto entscheiden: „AUTO1" ist neutraler, aber „AUTO2" mag manchem je nach Motiv besser gefallen.

Zwei Versionen eines Motivs. Die linke Bildhälfte mit Weißabgleich „AUTO1", die rechte mit dem wärmeren AUTO2". Wenn man so will, ist die linke Version „richtiger", die rechte wirkt aber oft etwas angenehmer fürs Auge.

131

Aufnahme

„**Picture Control**" nennt sich eine weitere Aufnahme-Einstellung. Wer sich mit Nikon-Kameras etwas auskennt, dem wird dies sicher ein Begriff sein. Ist die D600 Ihre erste Nikon, dann darf ich Ihnen verraten: Hinter dieser Bezeichnung verbirgt sich ein mächtiges Werkzeug, das die Anmutung – auf Neudeutsch den Style – Ihrer Aufnahmen maßgeblich bestimmt. Insbesondere dann, wenn Sie in JPEG fotografieren, aber auch, wenn Sie Ihre RAWs am Computer entwickeln. „Picture Control" ist so interessant, dass Sie weiter hinten im Buch ein eigenes Kapitel darüber lesen können. Zu „Picture Control" gehört auch die darauffolgende Aufnahmemenü-Option „Konfigurationen verwalten", auf die ich deshalb ebenfalls im späteren Kapitel eingehen werde.

Jedes Objektiv hat Abbildungsfehler; das ist eine Tatsache. Dagegen hat Nikon sich mit der **Auto-Verzeichnungskorrektur** etwas einfallen lassen. Diese rechnet bereits während der Aufnahme die Bildfehler des Objektivs wieder heraus. Das funktioniert sehr gut; allerdings nur, wenn Sie ein Nikon-Objektiv neueren Datums verwenden, dessen Daten in der Firmware der D600 hinterlegt sind. Ist das verwendete Objektiv nicht erfasst, oder haben Sie ein Objektiv eines „Fremdherstellers" angebracht, ist die Funktion deaktiviert. Wenn möglich, die Korrektur unbedingt einschalten!

Ein Foto meiner Notebook-Tastatur, senkrecht von oben aufgenommen. Oben die unkorrigierte Fassung: Dort ist eine deutliche tonnenförmige (nach außen gewölbte) Verzeichnung feststellbar. Darunter die korrigierte Fassung: Die Tasten sind perfekt gerade.

Aufnahme

Nicht enden wollende Diskussionen im Internet, sachliche bis verbitterte Argumentationen, viel Konfusion, viel Ratlosigkeit, wenig Aufklärung, falsch interpretiertes Halbwissen: Die Rede ist vom **Farbraum** einer Digitalkamera. Genauer die Entscheidung zwischen Adobe RGB und sRGB ist das Thema, das ich hier behandeln möchte. Profis kann ich da nicht viel erzählen, denn sie arbeiten selbstverständlich immer mit dem Farbraum, den der jeweilige Auftrag Ihnen verbindlich vorschreibt.

Falls Sie aber kein Profi, sondern ein „ambitionierter Amateur" sind, wovon ich ausgehe, dann sollten Sie die folgenden Ausführungen keinesfalls übergehen, denn sie könnten Ihre Bildergebnisse maßgeblich verbessern und Ihren Bildbearbeitungs-Workflow nachhaltig verändern. Ich möchte nicht zu dick auftragen: Ich habe die universell gültige Farbraum-Lösung auch nicht gefunden, weil es diese gar nicht gibt. Was ich Ihnen aber versprechen kann: Am Ende dieses Kapitels werden Sie Ihre Entscheidung treffen können.

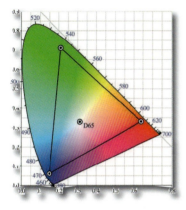

Eine Gegenüberstellung der beiden Farbräume von Adobe RGB (oben) und sRGB (unten). „D65" bezeichnet den so genannten Weißpunkt.

Kommen wir zum Thema. Innerhalb des gesamten Farbspektrums zeigen die beiden schwarz eingezeichneten Dreiecke der links abgebildeten Darstellungen jeweils den Bereich, den der jeweilige Farbraum abdecken kann. Auf den ersten Blick ist zu sehen, dass Adobe RGB (oben) dabei, besonders im Bereich Grün, einen viel größeren Bereich darstellen kann, als sRGB (unten) dies vermag. Diese Erkenntnis ist nicht neu und Ihnen deshalb vielleicht auch schon bekannt.

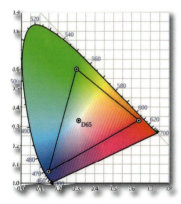

Viele Fotografen stehen daher auf dem Standpunkt, dass Adobe RGB der bessere Farbraum sei – was theoretisch auch völlig korrekt ist –, und dass man deshalb stets nur in Adobe RGB fotografieren sollte. Das sehe ich allerdings nicht so, denn im zweiten Teil dieser Behauptung versteckt sich eine hinterhältige Falle. Die sieht so aus: Keine Hardware, die man als Amateur benutzt, kann Adobe RGB vollständig darstellen. Kein Monitor, kein Drucker, und auch kein normaler Bilderdienst. Alle Glieder der Bearbeitungskette beherrschen nur das sRGB-Spektrum, und sind auch nur auf dieses hin ausgerichtet. Ich gehe deshalb sogar so weit zu behaupten, dass es Ihre Fotos qualitativ schlechter machen kann, wenn Sie Adobe RGB als Aufnahmefarbraum an Ihrer

133

Aufnahme

Das obere Foto wurde durchgängig in sRGB verarbeitet. Die untere Version in Adobe RGB, aber mit einer Hard- und Softwarekette, die für diesen Farbraum nicht geeignet ist. Das Ergebnis: Der grüne Farbton wirkt völlig ausgewaschen.

D600 einstellen. Starke Worte, ist mir völlig klar. Doch ich kann meine Aussage begründen. Was dem Amateur (!) beim Fotografieren mit Adobe RGB in der Regel passiert, ist folgendes: Die aufgezeichneten Adobe RGB-Farben werden von den nachfolgenden Gliedern der Bildbe- und Verarbeitungskette einfach da abgeschnitten, wo der sRGB-Farbraum endet. Der Verlust dieser Farbanteile kann dazu führen, dass einige Farben blass und verwaschen aussehen, was sich meistens bei roten / rötlichen sowie grünen / grünlichen Farbtönen sichtbar niederschlägt.

Nun habe ich Ihnen die „Adobe-Falle" dargelegt. Doch ich habe versprochen, Sie zu einer eigenen Beurteilung und Entscheidung zu führen, und das möchte ich nun einlösen. Um den richtigen Farbraum auszuwählen, müssen Sie sich darüber im Klaren sein, dass es eigentlich drei Farbumgebungen sind, die Sie zusammenhängend beachten müssen:

1. Der Farbraum Ihrer D600
2. Der Farbraum Ihrer Bildbearbeitung
3. Der Farbraum des Ausgabemediums

Wenn Sie Ihre Fotos ohne größere Nachbearbeitung drucken möchten (oder beim Bilderdienst drucken lassen), ins Web stellen wollen, oder wenn Sie grundsätzlich nur in JPEG fotografieren, dann **müssen** Sie sRGB auswählen. In sRGB werden Sie zu keiner Zeit auf Probleme stoßen, es gibt keine Farbverschiebungen, es gibt keine Besonderheiten zu beachten. Jede Bildbearbeitung beherrscht sRGB, jeder Bildschirm, jeder Drucker, jeder Bilderdienst, jeder Browser. sRGB ist „easy" und sorgenfrei, und schafft in den allermeisten Fällen zudem sehr ansprechende Ergebnisse.

Wenn Sie hingegen oft und auch intensiver nachbearbeiten wollen, dann werden Sie wahrscheinlich in RAW fotografieren. So erfolgt kameraintern keinerlei Konvertierung, sodass der Farbraum an dieser Stelle noch bedeutungslos ist. Vorausgesetzt, Sie verwenden ein RAW, um es per Software nachzubearbeiten, dann wird Adobe RGB auch in einer nicht-professionellen Umgebung meist die bessere Wahl sein. Adobe RGB deckt ja bekanntlich ein breiteres Farbspektrum ab; was aber hier viel wichtiger ist: Es verfügt als

„Nebenwirkung" des größeren Farbraums auch über mehr Farbnuancen. Dies hat zur Folge, dass jegliche Manipulation – und nichts anderes geschieht ja in der Bildbearbeitung – feiner und genauer erfolgen kann. Das wiederum hält die Verluste einer Manipulation geringer, sodass das Endergebnis inhaltlich „reicher" sein kann (und wird) als mit sRGB. Abschließend **müssen** Sie aber auch hier das Foto, je nach weiterem Verwendungszweck, vom Bildbearbeitungsprogramm in den sRGB-Farbraum umwandeln lassen. Denn an der Tatsache, dass Bildschirme, Drucker, (die meisten) Bilderdienste und Webbrowser nach sRGB (und nur nach sRGB) verlangen, lässt sich auch durch Adobe RGB nichts ändern.

Active D-Lighting ist eine von Nikon mit einer etwas eigenwilligen Schreibweise versehene Funktion zur automatischen Schattenaufhellung während der Aufnahme, um so einen größeren Dynamikbereich zu erzielen. Das ist prinzipiell eine sehr gute Funktion. Sie kann möglicherweise aber auch in eine Falle führen, und darauf möchte ich gerne eingehen. Dies ist kein Plädoyer für oder gegen Active D-Lighting, aber ich möchte Sie vor möglichen Gefahren warnen.

Das mit Capture NX2 konvertierte Foto ist genau so, wie es gedacht war. Sowohl die hellen als auch die dunklen Bildanteile sind korrekt belichtet.

Kommen wir zur Sache. Wieder einmal zeige ich Ihnen zwei Versionen eines Fotos. Es handelt sich dabei um ein RAW, bei der Aufnahme war Active D-Lighting auf verstärkter Stufe zugeschaltet. Das Foto auf dieser Seite ist die Darstellung von Capture NX 2, Nikons hauseigenem RAW-Konverter (der leider optional erworben werden muss). In der Version auf der nächsten Seite finden Sie die Darstellung desselben

Aufnahme

Die Version von Adobe Camera RAW hingegen erzeugt ein zu dunkles Foto, weil die Active D-Lighting-Informationen der Kamera nicht ausgelesen werden können.

RAWs, diesmal jedoch in Adobe Camera RAW (ACR). Macht ACR hier etwas falsch? Nein, aber: Beim Einsatz von Active D-Lighting belichtet die D600 das Foto so, dass die hellen Bereiche auf keinen Fall ausreißen; die Belichtung wird ziemlich dunkel gehalten. Das kann dazu führen, dass die dunklen Bildanteile so dunkel werden, dass sie in einem schwarzen Brei „absaufen". Macht nichts: Active D-Lighting hellt diese Bereiche beim Abspeichern des Fotos ja automatisch wieder auf, sodass helle und dunkle Bildbereiche gleichermaßen gut belichtet sind – der „Trick" funktioniert.

Jetzt kommt aber der Haken: ACR kann die in der RAW-Datei enthaltene Information, dass dieses Bild mit Active D-Lighting aufgezeichnet wurde, nicht verwerten, weil ACR (und auch jede andere Bildbearbeitung, die nicht von Nikon stammt!) nicht mit Active D-Lighting kompatibel ist. Deshalb stellt ACR nur das (zu) dunkle Foto dar; die automatische Aufhellung erfolgt nicht. Natürlich kann man mit ACR auch manuell eine Aufhellung herbeiführen. Dies erfolgt jedoch nicht automatisch, sondern Sie müssen es händisch durchführen, was einen größeren Aufwand erfordert.

Wenn Sie Ihre RAWs mit einem anderen Programm als Capture NX2 (oder View NX2) umwandeln, sollten Sie Active D-Lighting besser abschalten. Nur dann, wenn Sie ausschließlich eines dieser Programme zur RAW-Konvertierung benutzen, oder wenn Sie direkt in JPEG fotografieren, können Sie Active D-Lighting bedenkenlos einsetzen. Ich habe übrigens recht gute Erfahrungen damit gemacht, Active D-Lighting in

Aufnahme

der automatischen Stärke anzuwenden, und verwende die festen Einstellungen nahezu nie. Die Automatik hat einen wesentlichen Vorteil, wie ich meine: Sie berechnet die Stärke der Schattenanhebung für jedes einzelne Foto, während die festen Stufen unabhängig vom Motiv immer denselben Faktor anwenden. Die Automatik ist daher individueller.

Seit einer ganzen Weile sehr populär sind Aufnahmen mit **High Dynamic Range**, kurz **HDR**. Hierbei werden mehrere Fotos mit unterschiedlichen Belichtungsstufen kombiniert, um Bilder mit einem aussergewöhnlich hohen Dynamikumfang zu schaffen, die – im Idealfall – das gesamte Spektrum von sehr hellen bis sehr dunklen Bildbereichen abdecken. Dies muss man mit der D600 nicht mehr manuell erledigen, wenn man die entsprechende HDR-Option aktiviert. Dazu kombiniert die D600 automatisch zwei hintereinander geschossene Aufnahmen unterschiedlicher Belichtung (man drückt den Auslöser dazu nur ein Mal) zu einem Foto. So kann ein Dynamikumfang erreicht werden, zu dem der Kamerasensor ohne den „HDR-Trick" so nicht in der Lage ist. Falls dieser Menüpunkt bei Ihrer Kamera ausgegraut ist: HDR ist nur verfügbar, wenn Sie in JPEG fotografieren. Haben Sie RAW oder RAW+JPEG eingestellt, können Sie die HDR-Funktion nicht verwenden! Dies sind die Optionen:

Die Kamera bestimmt den Abstand automatisch, oder Sie stellen ihn von Hand ein.

Der Grad der Glättung entscheidet über natürliches oder unnatürliches Aussehen der finalen Aufnahme.

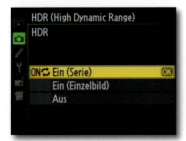

In dieser Einstellung werden alle folgenden Fotos mit der HDR-Funktion geschossen.

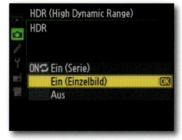

So eingerichtet, ist die HDR-Funktion nur für die nächste Aufnahme aktiv.

Aufnahme

Die Funktionsweise haben Sie nun kennen gelernt. Doch für manchen taucht bestimmt die Frage auf: Was bringt mir das überhaupt, wenn ich mit HDR fotografiere? Sind die Einschränkungen (kein RAW, kein RAW+JPEG möglich) es wert, akzeptiert zu werden? Zumal noch ein Handicap hinzu kommt, das ich noch nicht erwähnt habe: Nachdem die Kamera die beiden Aufnahmen automatisch hintereinander geschossen hat, muss sie diese zu einem Foto verrechnen. Dies dauert einen Moment, in dem die D600 „tot" ist, sprich nicht reagiert; die Kamera wird durch HDR also recht langsam. Sehen Sie sich nun bitte die auf dieser Doppelseite abgedruckten Beispielfotos an, die ich „quick and dirty" im Flur meiner Wohnung, (absichtlich) gegen einen von der Sonne beschienenen Erker, geschossen habe.

1 Lichtwertstufe Die Wirkung ist erkennbar. Auch in den dunkleren Bildpartien sind viele Details zu erkennen; die hellen Partien überstrahlen nur sehr wenig.

2 Lichtwertstufen Die hellen Bildanteile (z.B. die Jalousien) sind detaillierter, die dunklen Bereiche (z.B. der Tisch und die Stühle) treten gleichzeitig noch besser hervor.

Aufnahme

Es funktioniert also recht gut, wie an den Bildversionen zu erkennen ist. Dennoch, das muss ich offen gestehen, setze ich die HDR-Funktion nahezu niemals ein. Erstens, weil ich dazu auf RAW (oder RAW+JPEG) verzichten muss, was für meine persönliche Arbeitsweise gar nicht geht, und zweitens, weil man je nach den Lichtbedingungen am Aufnahmeort mehrere Versuche benötigt, bis die Aufhellung genau die richtige Dosierung hat. Zusammen mit der prinzipbedingten Langsamkeit der Kamera bei HDR-Fotos – nichts geht, bis die Berechnung abgeschlossen und das Foto gespeichert ist – überwiegen aus meiner Sicht die Nachteile. Damit möchte ich Ihnen den „HDR-Spaß" aber keineswegs vermiesen: Wenn Sie meine Kritikpunkte nicht stören, dann können Sie die HDR-Funktion natürlich problemlos benutzen.

3 Lichtwertstufen Details in hellen Bereichen (Jalousien) sind nun nochmals besser auszumachen. Die dunklen Partien sind auch um eine Nuance detailreicher und heller.

Automatisch Laut Handbuch beträgt die Belichtungsdifferenz hier zwei Lichtwertstufen. Ich bin eher der Meinung dass die Wirkung zwischen zwei und drei Lichtwertstufen liegt.

Aufnahme

Über die automatische **Vignettierungskorrektur**, die die D600 auf Wunsch bereits beim Abspeichern der Aufnahme vornimmt, gibt es geteilte Meinungen. Der Sinn und die Funktionsweise der Vignettierungskorrektur sind Ihnen wahrscheinlich bekannt: Die Kamera rechnet die Randabschattungen (Vignettierung) eines Objektivs nachträglich heraus; sie hellt dazu die Bildecken wieder auf. Hierzu eine Gegenüberstellung, wieder am konkreten Bildbeispiel:

Korrektur aus   *Korrektur normal*   *Korrektur stark*

Um die Wirkungsweise hier im Buch anschaulich darstellen zu können, habe ich den Effekt beim linken und beim rechten Bild per Software verstärkt; so gravierend sind die Unterschiede normalerweise nicht. Gute Objektive, die Sie an der D600 wünschenswerterweise einsetzen, zeigen nur weit aufgeblendet, und auch längst nicht bei allen Brennweiten (wenn es sich um ein Zoom handelt), eine Randabschattung. Zudem kann die Korrektur, falls sie zu stark angewandt wird, auch mehr Schaden anrichten als Nutzen bringen. Nikon selbst warnt davor sogar im Handbuch („...weisen die Bilder möglicherweise Schleier, Rauschen oder Helligkeitsunterschiede auf..."). Daher meine Empfehlung: Lassen Sie die Korrektur generell besser abgeschaltet. Falls Sie aber ein Objektiv einsetzen, von dem Sie wissen, dass eine Vignettierungskorrektur zwingend erforderlich ist, dann sollten Sie diese Funktion (nur!) für dieses Objektiv nutzen; so müssen Sie dies später nicht per Hand und Software erledigen.

Aufnahme

Dass bei bestimmten Aufnahmebedingungen Bildrauschen entstehen kann, ist Ihnen sicher bekannt. Obwohl die D600 nur sehr wenig rauscht, ist es dennoch möglich, dass Rauschen bei **Fotos mit sehr langer Belichtungszeit** (über eine Sekunde) auftritt. Hier können Sie wählen, ob die Kamera solche Aufnahmen **automatisch entrauschen** soll oder nicht. Dazu muss man wissen, dass die Entrauschung erst nach der eigentlichen Aufnahme erfolgt, einige Zeit dauert, und dass die Kamera während dieser Verarbeitung (wie beim HDR) nicht ansprechbar ist. Mein Rat: Lassen Sie die Rauschunterdrückung bei Langzeitbelichtungen ausgeschaltet, weil Sie dies in der Bildbearbeitung viel feinfühliger korrigieren respektive eleminieren können, falls nötig.

Dieser Menüpunkt dreht sich ebenfalls ums Rauschen; hier jedoch bei **Fotos**, die **mit höheren ISO-Stufen** aufgenommen werden. Wiederum haben Sie zwei Möglichkeiten: Sie lassen die Kamera die Fotos **entrauschen**, wozu Ihnen drei verschiedene Filterstärken angeboten werden, oder Sie stellen die Rauschunterdrückung aus. „Aus" bedeutet hier übrigens: Ab einer Empfindlichkeit von ISO 2.500 wird die D600 bei deaktivierter Rauschunterdrückung dennoch eine solche vornehmen; allerdings nur in relativ schwacher Form. Ich muss zugeben: Es fällt mir etwas schwer, hierzu eine generelle Empfehlung zu geben. Beim Bildrauschen hängt vieles vom persönlichen Qualitätsempfinden ab und auch davon, wie das Foto später verwendet werden soll. Was den einen nicht weiter stört, ist für den anderen schon ein untragbar verrauschtes Foto. Mein Rat: Schießen Sie eigene High-ISO-Probefotos, und treffen Sie dann ihre Wahl.

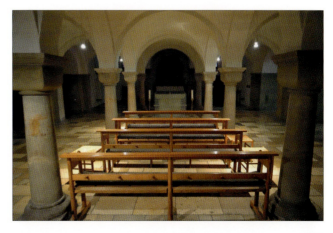

Ein Foto der Krypta des Mönchengladbacher Münsters. Wegen der äußerst spärlichen Beleuchtung musste ich, da ich ohne Stativ unterwegs war, sehr hohe ISO 6.400 verwenden. Ein unbrauchbares, weil verrauschtes Foto? Oder ein verwendbares, weil das Rauschen sich in erträglichen Grenzen hält? Entscheiden Sie bitte selbst.

Aufnahme

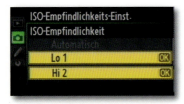

Diese Option des Aufnahmemenüs dreht sich um die regelbare **ISO-Empfindlichkeit** des Bildsensors, die Sie manuell auf einen festen Wert zwischen „Lo 1" (ISO 50) und „Hi 2" (ISO 25.600) einstellen können; der Standardbereich liegt dabei zwischen ISO 100 und ISO 6.400. Wenn Sie mit einem festen ISO-Wert fotografieren möchten oder müssen, gibt's an dieser Stelle nicht mehr zu tun. Viele Fotografen, zu denen ich mich auch zähle, greifen jedoch gerne auf die Annehmlichkeit der **ISO-Automatik** zurück, sofern keine zwingenden Gründe dagegen sprechen. Die Kamera regelt dabei die Empfindlichkeit selbständig hoch und runter, falls nötig, was das Fotografieren deutlich komfortabler macht.

Sie können (und sollten) diese Automatik, sofern Sie sie nutzen möchten, jedoch an Ihre persönlichen Wünsche und Anforderungen anpassen. Erster Punkt auf der Agenda ist die Einstellung einer Obergrenze, bis zu der die D600 den ISO-Wert bei Bedarf hinauf regeln darf. Wenn Sie Ihre persönlichen High-ISO-Testfotos (siehe letzte Seite) schon geschossen haben, wissen Sie, was Sie hier einstellen werden. Falls nicht, sollten Sie die Probeschüsse nun vornehmen.

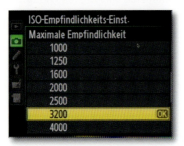

Neben der Obergrenze für die ISO-Empfindlichkeit müssen Sie auch für die Belichtungszeit einen Wert festlegen, der nicht unterschritten werden darf. Dies bedeutet: Droht die Belichtungszeit (bei aktiver ISO-Automatik) unter diesen Wert zu sinken, wird die Kamera die ISO-Stufe so weit hinaufregeln, dass die Gefahr gebannt ist. Falls Sie sich bereits mit Nikon-DSLRs auskennen, werden Ihnen die beiden letzten Abschnitte sowie auch die zugehörigen Menüfotos bekannt vorkommen.

Im Einstellmenü zur ISO-Automatik findet sich aber auch eine versteckte Neuerung, die Sie höchstwahrscheinlich auch als „alter Nikon-Hase" noch nicht kennen dürften. Und diese möchte ich Ihnen nun vorstellen. Sie können die ISO-Automatik wie bisher beschrieben (und vielleicht bekannt) benutzen. Doch das Problem an der Sache war und ist: Unterschiedliche Brennweiten erfordern auch unterschiedliche zeitliche Grenzen. Wenn Sie mit 200 Millimeter Telebrennweite fotografieren, möchten Sie mit Sicherheit eine kürzere „Längste Belichtungszeit" verwenden als bei einem 28-

Millimeter-Weitwinkel. Und genau das ging bislang leider nicht, denn man konnte in diesem Menü ja nur eine einzige Zeit definieren. Viele Fotografen haben daher an älteren Nikon-Kameras auf die ISO-Automatik verzichtet.

Nun kommt die spannende Neuerung: Nikon hat auf die flehenden Rufe vieler Fotografen reagiert und bei der D600 (wie zuvor auch schon bei der D800) neben den festen Werten auch eine **variable längste Belichtungszeit** („Automatisch") in die ISO-Empfindlichkeitseinstellungen integriert, die sich je nach Brennweite selbständig nach oben oder unten anpasst. Soweit ich dabei eine Gesetzmäßigkeit erkennen konnte, hält sich die Kamera an den Kehrwert der Brennweite, der besagt: Fotografiert man mit 50 Millimeter Brennweite, so wird die D600 längstens 1/50 Sekunde zulassen, bei 100 Millimeter muss es mindestens 1/100 Sekunde sein, bei 200 Millimeter wenigstens 1/200 Sekunde – und so weiter. Drohen diese Belichtungszeiten überschritten zu werden, passt die Kamera die ISO-Empfindlichkeit an.

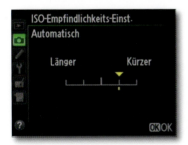

Doch es kommt noch besser: Sie können die Automatik nach eigenem Gusto anpassen. Wenn Sie sich das obere Menüfoto auf dieser Seite genau ansehen, stellen Sie fest, dass am rechten Rand ein kleiner Pfeil zu sehen ist: Es gibt hier also noch ein Untermenü! Drückt man an dieser Position abermals rechts auf den Multifunktionswähler, kann man die Wahl der längsten Belichtungszeit, die die D600 selbständig vornimmt, feintunen. Ich habe leider nicht die ruhigsten Hände (und bin auch etwas übervorsichtig hinsichtlich der Bildschärfe), sodass ich mich für eine Korrektur um eine Stufe in Richtung „Kürzer" entschieden habe.

Welcher Faktor für Sie der passende ist, oder ob Sie mit dem Standardwert bereits gut zurechtkommen, müssen Sie natürlich durch eigene Versuche herausfinden. Fest steht: So macht die ISO-Automatik richtig Freude, und endlich muss man nach der erstmaligen Einrichtung keinen Gedanken mehr an sie vergeuden. Zur einwandfreien Funktion der automatischen Wahl der längsten Belichtungszeit muss das Objektiv allerdings über eine CPU (Prozessoreinheit) verfügen. Da dies bei allen neueren AF-Objektiven der Fall ist, sollte das aber keine große Hürde darstellen.

Aufnahme

Auch für die **Fernauslösung** der D600 stellt das Aufnahmemenü mehrere Optionen bereit. In der Standardeinstellung wartet die Kamera nach dem Betätigen des Fernauslösers zwei Sekunden, bevor die Aufnahme erfolgt. Falls Sie diese Verzögerung nicht möchten, stellen Sie auf die Fernauslösung ohne Vorlauf um. Die dritte Option löst die Kamera mit Spiegelvorauslösung aus; diese Funktion und deren Sinn habe ich bereits bei der Individualfunktion d10 beschrieben.

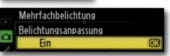

Bezüglich der **Mehrfachbelichtung** müssen Sie beachten, dass diese nur dann zur Verfügung steht, wenn Sie in RAW fotografieren. Sie können festlegen, ob nur die nächsten Aufnahmen zur Mehrfachbelichtung genutzt werden, oder ob Sie dauerhaft im Mehrfachbelichtungsmodus bleiben wollen (bis Sie sie wieder deaktivieren). Wahlweise zwei oder drei Aufnahmen können verrechnet werden; auf Wunsch gleicht die D600 dabei auch die Helligkeit der Einzelfotos an.

Ein Mauerblümchen, wenn ich es mal so salopp nennen darf, ist die **Intervallaufnahme**. Die Funktion ist klar: Die Kamera nimmt automatisch eine Serie von Fotos auf. Auch diese Sonderfunktion hat Nikon sehr flexibel und umfassend gestaltet: Sie können den zeitlichen Abstand zwischen den Aufnahmen vorgeben, die Anzahl der Fotos pro Serie, sowie die Anzahl der Fotoserien, die die Kamera schießen soll. Schlussendlich lässt sich bestimmen, ob die Serie nach Betätigen des Auslösers sofort starten oder mit einer einstellbaren Verzögerung beginnen soll. Ich empfinde die Intervallaufnahme als nützliches Ausstattungsmerkmal, zum Beispiel um automatisch und ohne meine Anwesenheit das Aufblühen einer Blume zu dokumentieren.

Keinesfalls mit der Intervallaufnahme verwechseln sollten Sie eine weitere Funktion namens **Zeitrafferaufnahme**. Zwar fotografiert auch die Zeitrafferaufnahme eine Serie von Fotos. Der große Unterschied: Während das Intervall eine Reihe von Aufnahmen erstellt, fertigt die D600 beim Zeitraffer aus den Aufnahmen einen Videofilm! Und das funktio-

niert so: Zunächst stellen Sie in den Video-Optionen (denen wir uns später ausführlich widmen) die Videoqualität (Bildgröße, Bildwiederholrate) ein. Nun wählen Sie im Zeitraffer-Menü zwei Parameter aus: Das Intervall (den zeitlichen Abstand zwischen den Fotos) sowie den Aufnahmezeitraum (maximal sieben Stunden 59 Minuten). Wenn das geschehen ist, „rattert" die D600 drei Sekunden nach Betätigen des Auslösers los, um die einzelnen Fotos zu schießen. Die Kamera erstellt aus den Einzelfotos automatisch einen Zeitrafferfilm (ohne Ton) sehr hoher Qualität im „MOV"-Format, der sich mittels jeder aktuellen Videoschnittsoftware nach Belieben weiterverarbeiten lässt.

Mit jeder aktuellen Videoschnitt-Software, hier exemplarisch dargestellt durch iMovie von Apple, kann der von der D600 erstellte Zeitrafferfilm weiterverarbeitet werden. Zum Beispiel, um nachträglich eine Tonspur hinzuzufügen.

Der letzte Eintrag des Aufnahmemenüs befasst sich mit den Videoeinstellungen. Wie im Kapitel über die Individualfunktionen handhabe ich es auch diesmal so, dass dessen Menüeinstellungen nicht hier an dieser Stelle, sondern im Videoteil des Buches vorgestellt werden. So bleibt das Thema „Video" als homogener Block zusammen.

Nicht nur bei Fotos, insbesondere auch bei Videos kann man ganz hervorragend mit der Schärfentiefe gestalterisch tätig sein.

Wiedergabe

Die erste Option, die Ihnen das Wiedergabemenü anbietet, ist das **Löschen** von Fotos. Dabei können Sie sich entscheiden, ob Sie einzelne Bilder zum Löschen auswählen möchten, ob Fotos eines bestimmten Datums gelöscht werden sollen, oder ob Sie alle Fotos entfernen wollen. Ich rate Ihnen: Ignorieren Sie das Löschen (in der Kamera)! Ein Foto ist schnell gelöscht, aber ebenso schnell ist auch mal das falsche versehentlich vernichtet. Löschen Sie unterwegs niemals etwas; die Fehlerquote ist oftmals viel zu hoch. Treffen Sie die Auswahl der zu löschenden Fotos besser ganz in Ruhe am Computer, wenn die Fotos bereits überspielt sind.

Wie Sie aus dem Kapitel „Aufnahme" sicher noch wissen, können Sie verschiedene Ordner zur Speicherung der Fotos anlegen. Mit der Option **Wiedergabeordner** legen Sie fest, ob Ihnen nur die Fotos eines bestimmten (oder des aktuellen) Ordners angezeigt werden, oder ob Sie alle Fotos zu sehen bekommen, die auf der/den Speicherkarte/n vorhanden sind. Ich lasse mir in der Regel stets alle Ordner anzeigen, um den Überblick nicht zu verlieren.

Einzelne Fotos oder Aufnahmen eines bestimmten Datums lassen sich bei der Wiedergabe gezielt **ausblenden**. Ein Beispiel, wozu das gut sein kann: Direkt nach dem Urlaub möchten Sie Ihre Urlaubsfotos per HDMI-Kabel und Fernseher bei Ihren Freunden zu Hause präsentieren. Sie legen allerdings keinen Wert darauf, dass die Freunde alle Fotos zu sehen bekommen, die Sie von Ihrer/Ihrem Lebensgefährtin/Lebensgefährten geschossen haben. Die Ausblendfunktion können Sie für solche Fälle bestens einsetzen.

Sehr wichtig und auch nützlich in der fotografischen Praxis sind die verschiedenen Darstellungsweisen – die **Optionen für die Wiedergabeansicht** –, mit denen Sie sich auf der Kamera die geschossenen Fotos anzeigen lassen können. Auf dem nebenstehenden Menüfoto habe ich Ihnen alle Möglichkeiten zusammengefasst. Auf der nächsten Seite zeige ich Ihnen jede Darstellungsweise im Detail, und gebe Ihnen meine Einschätzung dazu, ob man diese Ansichtsform benötigt oder sie getrost weglassen kann.

Wiedergabe

Fokusmessfeld

Gut geeignet, um zu beurteilen, ob der Fokus auch „sitzt".

Lichter

Unbedingt aktivieren, um überbelichtete Bereiche zu erkennen!

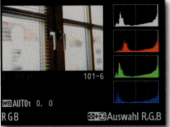
RGB-Histogramm

Sollten Sie sich anzeigen lassen, um die Ausgewogenheit der Belichtung zu erfassen.

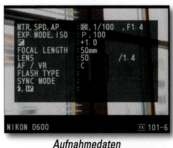
Aufnahmedaten

Kann man, muss man aber nicht.

Übersicht

Gibt mit einem Blick eine guten Übersicht.

keine (nur Bild)

Gut geeignet, um das Foto ohne störende Einblendungen zu beurteilen.

Während einige Optionen Geschmackssache sind oder von der Arbeitsweise abhängen, empfehle ich, zwei Häkchen auf jeden Fall zu setzen: Die für die Anzeige der Lichter und des RGB-Histogramms. Das bringt den Vorteil, dass Sie sich gleich am Aufnahmeort relativ sicher davon überzeugen können, ob die Belichtung auch wirklich sitzt. Eine visuelle Betrachtung des geschossenen Fotos auf dem Display der Kamera allein reicht nämlich nicht aus, da Sie oftmals (je nach Umgebungshelligkeit) einfach nicht alle bildwichtigen Details darauf erkennen können.

Wiedergabe

Da die D600 über zwei SD-Schächte verfügt, kann man bei Bedarf **Bilder** (und Videos) von einer Speicherkarte auf die andere **kopieren**. Das ist flott erledigt:

Zunächst wählen Sie Karte und Ordner aus.

Dann markieren Sie die gewünschten Fotos, oder Sie wählen den gesamten Ordner.

Danach den Zielordner angeben und die Sicherheitsabfrage bestätigen.

Der Kopiervorgang startet ähnlich wie bei einem Computer.

Mit dem Menüpunkt **Bildkontrolle** legen Sie fest, ob Ihnen jedes Foto direkt nach der Aufnahme automatisch auf dem Display angezeigt wird oder nicht. Welche Option Sie bevorzugen ist reine Geschmackssache.

Wenn Sie sich Fotos auf der Kamera ansehen und dabei ein Bild löschen, können Sie hier festlegen, welches Bild **nach dem Löschen** als nächstes angezeigt wird. Da man Fotos jedoch besser nie in der Kamera löscht, könnte Nikon diesen Menüpunkt für mein Empfinden ersatzlos streichen.

Beim nächsten Punkt des Aufnahmemenüs, der **Anzeige im Hochformat**, handelt es sich im Grunde um eine einfache Funktion, deren Name selbsterklärend ist. Dennoch sorgt sie bei erstaunlich vielen Fotografen durch eine Verwechslung für ein Missverständnis, das ich gerne an dieser Stelle aufklären möchte. Was die Optionen der „Anzeige im Hochformat" bewirken, lege ich Ihnen auf der nächsten Seite dar; Sie müssen nach Gusto entscheiden, was Ihnen lieber ist.

 *In Position „Aus" ist die Anzeige größer, aber Sie müssen Kopf oder Kamera drehen.*

 *Steht die Option auf „Ein" wird ein Hochformat-Foto kleiner, aber mit der richtigen Orientierung angezeigt.*

Manche verwechseln diese Wiedergabeeinstellung jedoch mit der Systemeinstellung „Automatische Bildausrichtung", die aber nichts mit der Darstellung auf dem Display zu tun hat. In Stellung „On" wird einem Hochformat-Foto der entsprechende Eintrag in den Exif-Daten hinzugefügt, sodass das Foto von Bildbearbeitungsprogrammen automatisch als Hochformatfoto erkannt und auf dem Bildschirm entsprechend ausgerichtet wird. Dies hatten wir bereits im Kapitel zu den Systemeinstellungen besprochen, aber es sei hier sicherheitshalber nochmals erwähnt.

Möchten Sie, zum Beispiel beim Besuch von Bekannten, schnell und unkompliziert Fotos oder Videos präsentieren, so bietet sich die **Diaschau** an (vorausgesetzt, Sie haben das passende Kabel zur Hand). Sie können dabei wählen, ob nur Fotos oder nur Videos angezeigt werden – oder aber beides. Weiter können Sie die Verweildauer eines einzelnen Fotos auf dem Display wunschgemäß einstellen. Individueller ist es natürlich, eine Diaschau mit einem entsprechenden Programm zu erstellen und sie Dritten so zu präsentieren.

Wollen Sie auf einer Printstation im Fotogeschäft direkt Abzüge von der Speicherkarte machen lassen, können Sie per DPOF (Digital Print Order Format) schon in der Kamera bestimmen, welche Fotos die Station in welcher Anzahl drucken soll. Ich halte dieses Relikt früherer Tage für recht überflüssig, um ehrlich zu sein: Besser, Sie bestellen oder drucken Fotos vom heimischen Computer aus. Möchten Sie dennoch unterwegs Direktdrucke erhalten, so sollten Sie zur Auswahl der Fotos den Bildschirm der Printstation nutzen, weil dieser nicht nur die größere Anzeige bietet, sondern sich die Bilder hier auch viel übersichtlicher sichten und zusammenstellen lassen.

Benutzerdefiniertes Menü

Benutzerdefiniertes Menü

Mit dieser Menükategorie hat Nikon sich etwas einfallen lassen, das ich persönlich als sehr hilfreich empfinde. Sicher haben Sie inzwischen selbst festgestellt, dass das Menü der D600 sehr umfangreich ausfällt. Diese große Vielfalt hat allerdings auch einen Nachteil: Manchmal dauert es eine Weile, bis man in den unzähligen Einstellungen auch diejenige gefunden hat, die man gerade benötigt. Muss es dabei auch noch schnell gehen, ist die schiere Menge der gebotenen Einstelloptionen fast schon kontraproduktiv.

Abhilfe schafft das benutzerdefinierte Menü. Wie der Name schon erkennen lässt, können Sie sich damit ihre ganz persönliche Menüseite zusammenstellen, indem Sie diese mit den am häufigsten benötigten Einstellungen „füttern" ❶ . Sie können sich dabei aus allen Menükategorien (System, Individualfunktionen, Aufnahme, Wiedergabe und Bildbearbeitung) bedienen und bis zu 20 Funktionen auswählen. Einige „gefährliche" Einstelloptionen wie zum Beispiel das Zurücksetzen der Kamera lassen sich aus Sicherheitsgründen allerdings nicht zum benutzerdefinierten Menü hinzufügen.

Nachdem Sie sich einige Funktionen auf das benutzerdefinierte Menü gelegt haben, dürfte die Anzeige so ähnlich aussehen wie auf dem links gezeigten Menüfoto ❷ . Die einzelnen Einträge können Sie nun in der Reihenfolge neu anordnen, wenn Sie möchten ❸ . Haben Sie einen Eintrag versehentlich vorgenommen, oder erscheint er ihnen später doch nicht mehr wichtig genug für das benutzerdefinierte Menü, können Sie ihn natürlich auch wieder löschen.

Unter „Register wählen" können Sie das benutzerdefinierte Menü auch umfunktionieren, sodass es quasi vollautomatisch funktioniert ❹ ; dazu aktivieren Sie die Option „Letzte Einstellungen. Nun passiert folgendes: Jedes Mal, wenn Sie im Menü etwas einstellen, wird der entsprechende Menüeintrag automatisch dem benutzerdefinierten Menü hinzugefügt ❺ . Somit „füttert" sich das benutzerdefinierte Menü ganz von alleine, sodass Ihnen bald eine Art „Top 20" der am häufigsten genutzten Menüfunktionen präsentiert wird. Welche Art des benutzerdefinierten Menüs Ihnen mehr liegt, werden Sie schnell herausfinden.

Bildbearbeitung

Bildbearbeitung

Nicht jeder findet an der Bildbearbeitung Gefallen oder hat die Zeit dazu. Spaß beim Fotografieren ja, aber keine Lust auf stundenlange Computersitzungen danach – ich kann das völlig verstehen. Wenn Sie den Ratschlägen und Anleitungen dieses Buches zur D600 bis hierher gefolgt sind, gelingen Ihnen mit großer Wahrscheinlichkeit sehr gute Fotos, die Sie hinterher zwar noch per Software „aufmotzen" können, aber keineswegs müssen.

Was aber, wenn auch den Software- und Bildbearbeitungs-Verweigerer mal die Lust packt, ein Foto mit einem besonderen Effekt zu schaffen? Hier hilft Ihnen die Nikon weiter. Satte 18 Möglichkeiten, ein Foto direkt in der Kamera zu bearbeiten oder zu verfremden, stehen dazu bereit. Sehen wir uns also zusammen an, was damit alles machbar ist. Noch eine Bemerkung vorab: Wenn Sie ein Bild bearbeiten, brauchen Sie keine Angst um Ihr Original zu haben: Die Kamera legt die bearbeitete Version als neue JPEG-Bilddatei auf der Speicherkarte ab; das Original bleibt unangetastet.

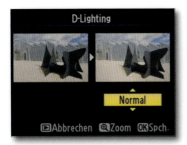

Die Active **D-Lighting**-Funktion, die den Dynamikumfang von Fotos bereits während der Aufnahme optimiert, habe ich Ihnen bereits vorgestellt. Hier können Sie Fotos auch nachträglich noch mit der Schattenaufhellung versehen, wozu drei unterschiedliche Bearbeitungsstärken einstellbar sind. Es funktioniert wirklich sehr gut, wenngleich sich die Stärke des Effekts durch die recht kleine Darstellung auf dem Kameradisplay nur schwer im Voraus beurteilen lässt.

Ist ein Foto für die Anwendung einer Bildbearbeitungsfunktion ungeeignet, wird es auf dem Display mit einem gelben „X" gekennzeichnet.

Leider habe ich kein einziges Bildbeispiel mit roten Augen zur Hand. Daher bitte ich Sie, mir zu vertrauen: Die Rote-Augen-Korrektur funktioniert recht gut. Die Kamera erkennt rote Augen zuverlässig, und entfernt den unschönen Effekt weitestgehend. Der Effekt der roten Augen kann immer dann entstehen, wenn eine Person frontal angeblitzt wird, und das Licht auf eine weit geöffnete Iris trifft, weil diese sich nicht schnell genug schließen kann. Die Kamera zeigt Ihnen übrigens bereits bei der Auswahl der Fotos an, ob sie einen bestimmten Effekt anwenden kann oder nicht. Fotos, die sich nicht für eine Bearbeitung eignen, sind durch ein gelbes Kreuz in einem gelben Rahmen gekennzeichnet.

Bildbearbeitung

Auch das nachträgliche **Beschneiden** eines Fotos ist mit einer Bildbearbeitungsfunktion möglich. Jedoch nur in einem von fünf vorgegebenen Seitenverhältnissen (3:2, 4:3, 5:4, 1:1, 16:9), die allerdings in der Größe variiert werden können. Ein freies Beschneiden ohne festes Seitenverhältnis ist hingegen nicht vorgesehen. Der Beschneidungsrahmen lässt sich innerhalb des Fotos mit dem Multifunktionswähler einfach an jede gewünschte Stelle verschieben.

Mit der Option „**Monochrom**" lässt sich jedes Foto nachträglich in ein Schwarzweiss-Foto verwandeln. Dazu stehen neben dem reinen Schwarzweiss auch die Tönungen „Sepia" und „Blauton" zur Verfügung, die sich zudem in der Helligkeit variieren lassen. Durch die formatfüllende Darstellung des Fotos lässt sich die Wirkung des Effekts auf das jeweilige Motiv bereits vor der Bearbeitung recht gut einschätzen.

„**Filtereffekte**" ist eine recht umfangreiche Bearbeitungsmöglichkeit, denn die D600 stellt gleich sieben Effektfilter zur Verfügung, die zudem teilweise noch variiert werden können. Ich habe zwei Beispiele herausgegriffen: Die Farbverstärkung (möglich bei Rot, Grün und Blau) wirkt sich sichtbar auf die gewählte Farbe aus und ist in der Helligkeit variierbar. Der Weichzeichnungs-Effekt macht, was er sagt: Er macht ein

Beispielfoto mit angewandtem Weichzeichner-Effekt in verstärkter Stufe.

Foto weicher; die Stärke des Effekts kann in drei Stufen angepasst werden. Das kann insbesondere bei Porträts recht nett wirken, funktioniert aber auch bei anderen Motiven.

Bildbearbeitung

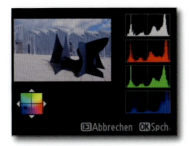

Mit dem **Farbabgleich** können Sie einem Foto nachträglich eine veränderte Farbanmutung geben oder aber ein Foto mit „schrägen" Farben wieder in die richtige Richtung drehen. Mit dem Multifunktionswähler dirigieren Sie dabei den Farbpunkt durch das angezeigte Farbspektrum, was recht einfach funktioniert. Zudem werden am rechten Rand vier Histogramme für die Farbkanäle Rot, Grün, Blau und deren Summe (weiße Darstellung) eingeblendet, die bei der Farbfindung Unterstützung leisten. Die Wirkung ist schon vor der eigentlichen Bearbeitung recht gut abzuschätzen.

Die **Bildmontage** setzt zwei RAW-Dateien – und übrigens nur RAWs, mit JPEGs funktioniert es nicht! – zu einem neuen Foto zusammen. Das kann je nach den Motiven recht witzige Effekte ergeben, auch wenn das Ergebnis meines eigenen Versuchs hier zugegebenermaßen etwas weniger spektakulär ausfällt. Jedes der beiden Ausgangsfotos lässt sich dabei in der Deckungskraft beziehungsweise Transparenz in einem Bereich zwischen 0,1 und 2,0 nach Wunsch variieren.

Ihnen bieten sich verschiedene Möglichkeiten, wenn Sie mit der **NEF-(RAW-)Verarbeitung** ein als RAW aufgenommenes Foto direkt in der Kamera zu einem JPEG umwandeln wollen; beispielsweise, um das JPEG direkt vor Ort an einen Dritten weiterzugeben. Zu den Einstelloptionen gehören die Qualität des späteren JPEGs und dessen Größe, der Weißabgleich kann bei Bedarf angepasst werden, eine nachträgliche gezielte Über- oder Unterbelichtung ist möglich, die Wahl des Picture Styles steht zur Verfügung, die Einstellung für die Rauschunterdrückung kann nach Wunsch geregelt werden, der Zielfarbraum (sRGB oder Adobe RGB) kann gewählt werden, eine Vignettierungskorrektur kann ebenso zugeschaltet werden wie eine nachträgliche Schattenaufhellung mittels D-Lighting.

Die kleinste JPEG-Bildgröße, die sich bei der D600 für die Aufnahme einstellen lässt, ist bekanntlich „S" mit sechs Megapixel. Manchmal ist aber auch das noch viel zu groß, etwa wenn man ein Foto per Mail oder per Smartphone verschicken möchte, um es beispielsweise direkt aus dem Urlaub auf die Seite eines sozialen Netzwerks zu stellen, wie es im Kapitel zu drahtlosen Fernsteuerung beschrieben wird.

Bildbearbeitung

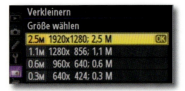

Mit „**Verkleinern**" können Sie für solche Zwecke ein bereits geschossenes Foto in der Größe herunterrechnen lassen. Es gibt dazu fünf wählbare Größen zwischen 2,5 Megabyte und winzigen 0,3 Megabyte; eine davon sollte in der Regel für den jeweiligen Zweck gut geeignet sein.

Der nächste Menüpunkt „**Schnelle Bearbeitung**" optimiert ein Foto automatisch. Farbe, Kontrast, Bildschärfe und Belichtung werden dabei motivabhängig verbessert. Dies funktioniert nach meiner Erfahrung unterschiedlich gut: Mal sind die Verbesserungen erstaunlich, ein anderes Mal kann ich kaum erkennen, dass die Kamera überhaupt eingegriffen hat. Sie können den Filter in drei Stufen variieren, um die Bearbeitung zu verstärken oder abzuschwächen.

Es gelingt nicht immer, ein Motiv mit geradem Horizont abzubilden. Hier hilft die **Ausrichten**-Funktion, mit deren Hilfe man das Foto nachträglich noch begradigen kann. Dies funktioniert einfach und gut mittels des Multifunktionswählers, wenngleich der Neigungsgrad, um den man das Foto drehen kann, gegenüber einem Bildbearbeitungsprogramm schon etwas eingeschränkt ist. Solange das Original nicht allzu schief geraten ist, ist das aber nicht weiter tragisch.

Wenn ein Objektiv von der D600 nicht erkannt wird, lässt sich die automatische **Verzeichnungskorrektur** während der Aufnahme nicht aktivieren. Oder aber der Fall tritt ein, dass Sie die Auto-Verzeichnungskorrektur bei der Aufnahme deaktiviert hatten. Dann haben Sie hier die Möglichkeit, die Verzeichnung auch nachträglich noch korrigieren zu lassen. Erkennt die D600 das Objektiv, erledigt sie dies auf Wunsch vollautomatisch (wie bei der Aufnahme auch, wenn die Auto-Verzeichnungskorrektur aktiv ist).

Wird das Objektiv hingegen nicht erkannt, zum Beispiel weil es von einem anderen Hersteller als Nikon stammt, müssen Sie die Verzeichnungskorrektur mit dem Multifunktionswähler in Stärke und Wirkung (Kissen- oder Tonnen-Korrektur) manuell einstellen. Die manuelle Korrektur ist dabei um einiges gröber, da sie nicht auf spezifischen Objektivdaten basiert und so nur eine allgemeine Korrektur leisten kann. Aber immer noch besser als nichts.

Bildbearbeitung

Mit dem **Fisheye**-Effekt können Sie recht witzige Sachen gestalten, wobei die Wirkung stark vom Motiv abhängt. Eine reine Spielerei, mehr nicht, aber eine nette. „**Farbkontur**" gehört zweifellos ebenfalls in die Kategorie der Spielereien. Ein Effekt, der mir persönlich nicht ganz so gut gefällt, wie ich zugeben muss; ich kann damit nur recht wenig anfangen. Als eher nicht so spannend empfinde ich auch die **Farbzeichnung**. Es hängt natürlich stark vom Motiv ab, was bei der Verarbeitung herauskommt; dennoch könnte ich gut darauf verzichten, wenn ich ehrlich bin. Wenn Ihnen diese drei Effektfilter gefallen – nur zu! Sehen Sie es hingegen genauso wie ich, dann darf ich anmerken: Es wird niemand zur Benutzung gezwungen…

Nachdem ich nun über drei Spielereien etwas gemeckert habe, kommen wir zur **Perspektivkorrektur**, die ich als sehr nützlich empfinde. Mit ihr lässt sich sowohl die horizontale als auch die vertikale Perspektive sehr einfach korrigieren. Einzige Einschränkung: Auch bei dieser Korrektur ist der Spielraum nicht so breit wie bei der Bildbearbeitung am Computer. Das erachte ich aber auch hier nicht als schlimm, da die Spanne normalerweise trotzdem ausreicht.

Den **Miniatureffekt** kennt man aus Werbespots. Damit wird eine Wirkung erzielt, die das Foto so aussehen lässt, als schaue man auf eine Modelleisenbahn. Der Effekt lässt sich senkrecht oder waagerecht anwenden und in der Dicke variieren. Eigentlich ganz nett, aber für meinen Geschmack hat man das inzwischen schon zu oft gesehen.

„**Selektive Farbe**" erlaubt, eine ebensolche auszuwählen, um sie dann zu verfremden beziehungsweise die Farbe in eine andere abzuändern. Oder aber es wird eine bestimmte Farbe ausgewählt, die farbig bleibt, während die restlichen Farben in Schwarzweiss dargestellt werden. Auch den letztgenannten Effekt hat man meiner Meinung nach schon so oft gesehen, dass dieser Effektfilter bei mir unter „Kann man machen, muss man aber nicht" rangiert.

Live View

Fotografieren mit Live View

Live View, das Fotografieren mit dem Display, beherrscht die D600 natürlich genauso wie jede andere aktuelle Spiegelreflex auch. In einer Kamera dieser „Gewichtsklasse" messe ich Live View jedoch eine ganz andere Bedeutung bei als beispielsweise im Falle einer DSLR wie der Nikon D3200. Während bei Letzterer Live View meiner Erfahrung nach recht häufig benutzt wird – sei es, weil der frischgebackene Besitzer von einer Kompakten gewechselt hat, oder sei es, um mit der Gesichtserkennung zu fotografieren – sehe ich Live View bei der D600 hauptächlich als (hervorragendes!) Mittel, um in kritischen Situationen zu fokussieren.

Mit dieser Aussage möchte ich Live View keinesfalls herabwürdigen. Ich kann mir aber nur sehr schwer vorstellen, dass ein Fotograf mit einer D600 (und einem Objektiv) in den Händen am ausgestreckten Arm über das Display fotografiert – obwohl die bildliche Vorstellung dieses Szenarios recht amüsant ist. Ich sehe Live View im Bezug auf die D600 so. Es ist, wie oben schon gesagt, eine ganz ausgezeichnete Scharfstellhilfe für statische Motive, oder solche, die weit am Rand des Bildausschnitts liegen, weil die normalen Fokussensoren diesen Bereich leider nicht abdecken können. Dennoch gehe ich der Vollständigkeit und der Fairness halber auch auf Live View ausführlich ein.

Auf dem unten abgebildeten Menüfoto (und allen folgenden) sind die Informationsanzeigen am linken und am rechten Rand zu sehen. Direkt auf dem Display der D600 betrachtet, werden sie jedoch am oberen Bildrand ins Livebild eingeblendet.

Ein kleines Statement in eigener Sache: Die Live View-Menüfotos, die hier abgedruckt sind, unterscheiden sich in der Darstellung etwas davon, was Sie auf dem Display Ihrer D600 zu sehen bekommen. Dies liegt daran dass die HDMI-Ausgabe der Kamera, von der die Menüfotos abgegriffen sind, auf 16:9-Fernseher optimiert ist. Über HDMI stellt die Kamera einige Anzeigen, die normalerweise ins Livebild eingebettet sind, der besseren Übersichtlichkeit halber am Rand des Bildausschnitts dar. Form, Inhalt, Anzahl und Aussehen der Informationen sind jedoch identisch.

Live View

Der Live View-Modus wird bei der D600 über einen eigenen Knopf gestartet, der sich unten rechts neben dem Display befindet. Mit dem den Knopf umgebenden Kippschalter legt man fest, ob die Kamera Standbilder oder Videos aufnehmen soll, wenn Live View gestartet wird. Wir bleiben zunächst ausschließlich bei den Standfotos, da wir uns der Videofunktion im nächsten Teil gesondert widmen wollen.

Nebenstehend die **Informationsanzeige**, die Sie standardmäßig zu sehen bekommen, wenn Live View aktiviert wird. Die Belichtungsmessmethode, Belichtungszeit und -Blende, die ISO-Empfindlichkeit, die verbleibende Anzahl an Aufnahmen sowie das Autofokusmessfeld werden angezeigt.

Betätigen Sie die „Info"-Taste rechts unten neben dem Display, wird ein **Gitternetz** eingeblendet. Dieses eignet sich gut dazu, ein Motiv sauber im Bildausschnitt zu platzieren.

Auf nochmalige Betätigung der Taste erscheint die **Wasserwaage** mittig auf der Anzeige. Deren Zweck ist klar: Die Kamera lässt sich damit horizontal und vertikal sehr exakt ausrichten, was besonders auf einem Stativ Sinn ergibt.

Ein weiterer Knopfdruck bringt auf Wunsch (zusätzliche) **ausführlichere Informationen** zum Vorschein: Der Aufnahmemodus wird angezeigt (oben links; in diesem Fall „P"), die Fokusmessmethode (hier „AF-S"), das Fokusfeld („normal"), die Stärke des Active D-Lighting (im Beispiel aus), die gewählte Picture Style-Voreinstellung (derzeit „Standard"), der Weißabgleich („Auto1"), die Bildgröße (im Beispiel „Large"), das Aufnahmeformat (hier „RAW+JPEG Fine") sowie das Bildfeld („FX"). All dies ist normalerweise oben in den Bildausschnitt eingeblendet (siehe Erklärung auf der linken Seite). Die normalen Informationen (Belichtungsmessmethode, Zeit, Blende, ISO-Wert, die Restaufnahmen sowie das Autofokusmessfeld bleiben weiterhin zusätzlich sichtbar.

Live View

Im Live View können Sie einige bildwirksame Einstellungen schnell per Knopfdruck vornehmen, ohne dass Sie zuerst das Menü aufrufen müssen. Nachfolgend einige Beispiele:

Möchten Sie schnell die **ISO-Empfindlichkeit** einstellen, so können Sie dies durch Betätigen der Minus-Taste (links neben dem Display, ganz unten) und gleichzeitiges Drehen des hinteren Einstellrads erledigen. Der ISO-Wert wird während des Einstellvorgangs gelb hervorgehoben.

Drücken Sie die Taste mit dem kleinen Pinsel (links neben dem Display, zweite von oben), klappt am rechten Rand ein Menü mit den **Picture Styles** auf, aus denen Sie mit dem Multifunktionswähler schnell und komfortabel den passenden auswählen können. Dabei wird Ihnen, wie hier am Beispiel von „Monochrom" zu sehen, die Wirkung sofort auf dem Display angezeigt, was ich sehr nützlich finde. Ebenfalls sehr hilfreich: Drücken Sie den Multifunktionswähler nach rechts, können Sie den Picture Style in all seinen Optionen mit wenigen Tastendrücken ganz nach individuellem Wunsch anpassen.

Für die Taste mit dem kombinierten Fragezeichen- / Schlüssel-Symbol gibt's gleich zwei Belegungen. Wird sie gedrückt, können Sie durch Betätigen des hinteren Einstellrads schnell den **Weißabgleich** anpassen. Die Wirkung des neuen Weißabgleichs bekommen Sie ebenfalls sofort auf dem Display angezeigt; im linken Beispiel habe ich zu Demonstrationszwecken absichtlich „Kunstlicht" gewählt.

Die zweite Funktion eröffnet sich, wenn Sie bei gedrückter Taste den Multifunktionswähler nach oben oder unten drücken; es blendet sich dabei am rechten Rand eine kleine Skala ein: Nun können Sie die **Helligkeit des Displays** nach Wunsch regeln. Da diese Anzeige nicht über HDMI ausgegeben wird, kann ich dies aber leider nicht abbilden.

Live View

Genau wie im Fotobetrieb ohne Live View auch bewirkt ein Betätigen der „+/-" - Taste (oben rechts auf dem Kameragehäuse) bei gleichzeitigem Drehen des hinteren Einstellrads eine **Belichtungskorrektur**. Die Richtung (Plus oder Minus) sowie den Wert bekommen Sie direkt angezeigt.

Die für mich persönlich weitaus wichtigste Funktion bei Live View – ich habe es schon mehrfach erwähnt – ist die ausgezeichnete Fokussierhilfe. Man ist nicht auf starre Fokusmessfelder angewiesen, wie es beim normalen Fokussieren ohne Live View der Fall ist, sondern kann das **Fokusmessfeld** völlig frei **an die benötigte Stelle legen**, wie im Beispiel links (im roten Kreis) zu sehen. Zudem deckt der Live View-Fokus auch die äußeren Bereiche des Bildfelds ab, was der normale Fokus leider nicht zu leisten vermag.

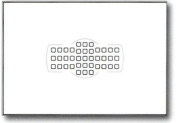

Darüber hinaus kann man extrem **tief in den Bildausschnitt hineinzoomen**. So lässt sich die Fokussierung viel exakter prüfen, als das mit dem normalen Autofokus überhaupt möglich ist. Den Nachteil des Livebild-Autofokus werden Sie schnell selbst feststellen: Er ist vergleichsweise langsam und kann in dieser Hinsicht nicht mit dem normalen Autofokus mithalten. Aus der Kombination „langsam, aber exakt" leitet sich der optimale Einsatzzweck des Live View-Autofokus ab: Statische Motive wie zum Beispiel Makros oder Landschaften, bei denen es nicht auf Schnelligkeit ankommt. Für diese Zwecke ist der Live View-Fokus super geeignet, sodass ich ihn hierfür ausschließlich verwende.

Mittels des Live View-Autofokus und der Lupenfunktion ist es keine Kunst ein wirklich scharfes Foto zu schießen. Etwas Zeit muss man dazu allerdings mitbringen – das ist der Preis dafür.

161

Live View

Die Besonderheiten des Live View Autofokus

Neben dem Einzelautofokus, den Sie auch vom normalen Fotografieren her kennen („**AF-S**", das „S" steht für „static"; links außen), werden Sie den gewohnten kontinuierlichen Autofokus („AF-C", „continuous") aber bei Live View vergebens suchen. Stattdessen gibt's beim Live View einen ebenfalls kontinuierlich arbeitenden Fokus, der sich aber „**AF-F**", „full time" nennt (links innen). Der Unterschied: Während AF-S nur so lange aktiv ist, wie Sie den Finger auf den Auslöser gelegt haben, müssen Sie bei AF-F den Auslöser nur einmal drücken und können ihn danach wieder loslassen – der Fokus arbeitet trotzdem weiter. Der Haupt-Einsatzzweck ist klar: Als nachführender Autofokus für den Videomodus.

Bei den Autofokusmessfeldsteuerungen gibt es ebenfalls einige Abweichungen zum normalen Autofokus. Links außen die normale **Messfeldsteuerung**. Sie ist gut geeignet, um auf einen Punkt exakt zu fokussieren. Für Motive wie Landschaften empfiehlt sich hingegen das große Fokusmessfeld (rechts). Beide Felder können Sie an jede beliebige Stelle im Bildausschnitt verschieben.

Der **Porträt-AF**, symbolisiert durch ein kleines Gesicht, ist selbstredend auf Gesichter spezialisiert. Er erkennt laut Nikon bis zu 35 unterschiedliche Gesichter, und stellt auf jenes scharf, welches der Kamera am nächsten ist. Mittels des Multifunktionswählers können Sie diese Wahl beeinflussen und ein anderes Gesicht zum Fokussieren auswählen.

Die **Motivverfolgung** funktioniert folgendermaßen: Sie positionieren das Messfeld auf dem Motiv Ihrer Wahl und betätigen den Knopf in der Mitte des Multifunktionswählers. Das Messfeld verfolgt nun solange automatisch das Motiv, bis Sie die Taste erneut drücken, oder bis das Motiv aus dem Bildfeld verschwindet.

Das funktioniert immer dann erstaunlich gut, wenn das Motiv kontrastreich ist und die Umgebungshelligkeit ausreicht. Ist eine dieser beiden Voraussetzungen (oder beide) jedoch nicht erfüllt, arbeitet die Motivverfolgung unzuverlässig bis gar nicht (mehr). Für weniger geübte Fotografen dennoch ein gutes Mittel zu Verfolgung sich bewegender Motive.

Filmen mit der D600

Nicht nur Fotos per Live View sondern auch das Videofilmen beherrscht heute jede aktuelle DSLR; natürlich auch die Modelle von Nikon. Allerdings muss man fairerweise zugestehen, dass Canon im Bereich der (semi-) professionellen Videowelt lange die Nase vorn hatte. Die EOS 5D Mk II hat den Standard für hochqualitatives Digitalvideo mit der DSLR gesetzt, an dem sich die anderen messen lassen müssen. Falls Sie sich die technischen Daten und Ausstattungsmerkmale der D600 hinsichtlich ihrer Videofähigkeiten bereits näher angesehen haben, dann wissen Sie: Die D600 muss den Vergleich nicht scheuen. Ganz im Gegenteil: Nikon hat der Kamera einige Leckerbissen spendiert, die das Herz jedes Videofilmers schneller schlagen lassen und die D600 sogar für den professionellen Videodreh qualifizieren.

Die D800, eingespannt in ein professionelles Rig. Hier sind am Schulterstativ ein Follow Focus-System und ein externer Videomonitor angebracht. Auch die D600 lässt sich mit solchen Systemen verwenden.

Der Atmos Ninja, ein professioneller externer Videostream-Recorder für die D800 und die D600.

Nach der Vorstellung der Nikon D800 haben die Hersteller in kürzester Zeit eine Vielfalt an Profi-Equipment zur Kamera auf den Markt gebracht. Seien es „Rigs" (Systeme, in die die Kamera eingespannt und mit Zubehör gekoppelt wird; siehe oben), Videoleuchten, Videorecorder (siehe links), Monitore und und und. Das kommt auch der D600 zugute: Nahezu alles, was an die D800 passt, funktioniert auch bestens mit der D600.

Ich möchte mir in diesem Buch nicht anmaßen, einem Video-Profi etwas erklären zu wollen – ich bin kein professioneller Videofilmer. Ich habe mich jedoch aus der Sicht eines engagierten Amateurs, der mit der D600 das Videofilmen gerne (wieder?) entdecken möchte, gründlich mit diesem Thema auseinandergesetzt. Wie das Videofilmen mit einer DSLR funktioniert, welche Einstellungen sinnvoll sind und welche Stolpersteine es dabei zu umschiffen gilt, welche Leckerbissen die D600 auch für den Nicht-Profi bereit hält, welches Zubehör für den Amateur geeignet ist und dabei bezahlbar bleibt – dies sind meine Videothemen.

Empfehlenswertes Videozubehör

Haben Sie schon einmal mit einer DSLR Videos gedreht? Falls das Neuland für Sie ist, dann darf ich Ihnen verraten, dass das kaum etwas damit zu tun hat, wie man mit einem Camcorder filmt. So werden Sie viele Camcorder-Selbstverständlichkeiten vergebens suchen: Den motorischen Zoom, den Videosucher, die Bauform, das Handling – nahezu alles ist völlig anders als bei einer Videokamera. Deshalb ist das eingangs erwähnte DSLR-Video-Zubehör sowohl für den Profi als auch für den Amateur keine Kür, sondern notwendige Pflicht. Ohne geeignetes Zubehör wird das Filmen mit der D600 ziemlich sicher zu einer Enttäuschung. Fangen wir mit dem essentiellen Zubehör an.

Videostativ

Ein Stativ ist absolute Pflicht. Ohne können Sie die Kamera einfach nicht ruhig genug halten, und zitternde Videobilder möchte nun wirklich keiner sehen. Für die ersten Versuche können Sie ruhig Ihr normales Dreibeinstativ hernehmen. Da Sie dazu aber einen Foto- und keinen Videostativkopf besitzen dürften, sollten Sie sich auf statische Aufnahmen beschränken, da es ansonsten auch hier zu ruckelnden Bewegungen kommen wird. Möchten Sie Schwenks und ähnliche Aufnahmen drehen, bei denen die Kamera nicht starr in ihrer Position verbleiben soll, so müssen Sie sich einen speziellen Videostativkopf oder ein spezielles Videostativ zulegen. Beide sind für weiche Neige- und Schwenkfahrten ausgelegt. Empfehlenswerte Stative gibt es ab ca. 150 Euro; geeignete Videoköpfe ab rund 100 Euro.

Filmen mit der D600

Externes Stereo-Mikrofon

Zum (hervorragenden) Videobild der D600 gehört auch der qualitativ passende Ton. Zwar hat die Kamera bereits ein Mikrofon eingebaut. Dieses ist sogar überraschend leistungsfähig, was die Klangqualität und Plastizität seiner Aufnahmen angeht, aber es nimmt nur Mono-Ton auf. Zudem sitzt es direkt im Gehäuse, sodass ungewollte Störgeräusche schnell in die Aufnahme gelangen können. Zum Ausprobieren können Sie es einmal mit dem internen Mikrofon versuchen. Richtig guten Ton für den Videofilm können Sie aber nur mit einem externen Stereo-Mikrofon einfangen. Von Nikon gibt's das ME-1 für rund 150 Euro; andere Hersteller bieten Alternativen in ähnlichen Preisklassen an.

Displaylupe

Gefilmt wird bekanntlich im Live View, also über das rückseitige Farbdisplay. Natürlich sehen Sie dort das Videobild. Doch Sie wissen aus eigener Erfahrung, dass bei hellem Umgebungslicht nicht mehr allzu viel auf dem Display zu erkennen ist. Unter diesen Umständen den Bildausschnitt und besonders die Schärfe zu kontrollieren, ist fast unmöglich. Abhilfe schafft eine Displaylupe. Diese schirmt das Display einerseits von der Sonneneinstrahlung ab und sorgt durch seine Vergrößerungswirkung zudem für ein leichteres Fokussieren. Brauchbare Ausführungen liegen bei ca. 80 Euro, Spitzenmodelle schlagen mit einigen Hundert Euro zu Buche.

Ohne die oben genannten Zubehörteile sind hochwertige Videoaufnahmen kaum machbar. Darüber hinaus gibt's aber noch weitere Helferlein, die zwar nicht zwingend sind, das Leben eines Videofilmers aber deutlich erleichtern können.

Video Rig

Videosequenzen, bei denen die Kamera nicht statisch an einem Ort verbleibt, sondern selbst auch bewegt werden soll, sind sehr effektvoll. Auch dies ist ohne Stativ nicht machbar. DSLR-Schulterstative schaffen hier Abhilfe. Damit kann man die Kamera auch in der Bewegung sehr ruhig halten, sodass aus der Kamerafahrt keine Zitterpartie wird. Neben den einige Tausend Euro teuren Profi-Lösungen gibt es auch bezahlbare Amateur-Versionen ab ca. 80 Euro. Manche Rigs sind für die Aufnahme weiteren Zubehörs ausgelegt.

LED-Videoleuchte

Zwar besitzt die D600 durch ihr niedriges Bildrauschen auch und gerade bei höheren ISO-Empfindlichkeiten die beste Eignung für (Video-) Aufnahmen bei wenig Umgebungslicht. Dennoch wird man früher oder später nicht umhin kommen, für zusätzliches Licht zu sorgen. Dass ein Systemblitz für Videos ungeeignet ist, erklärt sich von selbst; die Lösung besteht in LED-Dauerlicht. Diese sogenannten Light Panels geben ein weiches, meist durch Farbfolien in der Temperatur anpassbares Videolicht ab. Die Panels können praktischerweise wie ein Systemblitz auf den Blitzschuh der Kamera gesetzt werden. Ab rund 100 Euro bekommen Sie gute LEDs.

Follow Focus

Wie wir später noch sehen werden, ist der Autofokus beim Videofilmen nicht unbedingt die beste Wahl. Einmal davon ausgegangen, dass manuell fokussiert wird, ergibt sich immer dann ein Problem, wenn der Fokuspunkt während der Aufnahme verlagert werden muss: Man muss dazu am Fokusring des Objektivs drehen. Es braucht nicht viel Fantasie, um sich vorzustellen, dass auch dies unerwünschtes Bildzittern zur Folge haben wird. Gleiches gilt natürlich für den Fall, dass man während des Filmens zoomen möchte. Darüber hinaus ist es fast unmöglich, die Drehbewegung am Fokus- oder Zoomring so sanft und gleichmäßig zu vollziehen wie es beim Videofilm notwendig ist.

Abhilfe schaffen sogenannte Follow Focus-Systeme. In der einfachsten Ausführung für ganze 15 Euro wie nebenstehend zu sehen (mittleres Foto) werden zwei Gummis um Fokus- und Zoomring gelegt, die jeweils mit einem etwas längeren Hebel versehen sind. Dadurch muss einerseits das Objektiv nicht direkt berührt werden, was die Zittergefahr deutlich senkt. Zweitens sorgt die Hebelwirkung dafür, dass Fokus- und Zoomverstellungen wesentlich sanfter und gleichmäßiger vollzogen werden können als dies ohne Follow Focus möglich wäre. Mit einigen Hundert Euro deutlich teurer sind zahnradgetriebene Lösungen wie die links unten abgebildete. Die Zahnräder greifen passgenau in die Lamellen von Fokus- und Zoomring des Objektivs. Hiermit lässt sich die Verstellung von Fokus und Zoom nochmals sanfter und gleichmäßiger vornehmen, doch das hat seinen Preis.

Das Videomenü

In den Kapiteln über das Kameramenü habe ich die Videosektion bewusst ausgelassen, da ich sie an dieser Stelle als sinnvoller platziert empfinde. Sehen wir uns das Videomenü der D600 also jetzt genauer an. Zunächst blicken wir auf die Videoeinstellungen, die sich im Aufnahmemenü befinden.

Zuerst gilt es natürlich festzulegen, in welcher **Videogröße** und mit welcher **Bildwiederholrate** Sie filmen möchten. Sind Sie ein Video-Profi, oder kennen Sie sich mit digitalem Video sehr gut aus, dann wissen Sie natürlich, was Sie jeweils benötigen. Dem in puncto Video nicht so erfahrenen Fotografen hingegen – wozu ich mich selbst auch zähle, denn ich bin kein professioneller Videofilmer – gebe ich folgende Empfehlung: Verwenden Sie nur Full HD (1.920 x 1.080) oder HD (1.280 x 720) mit 25 Bildern je Sekunde (fps), wie es der deutschen Norm entspricht. Möchten Sie das gedrehte Videomaterial später schneiden und/oder mit anderem Material mischen, kann es ansonsten zu Problemen kommen, die durch unterschiedliche oder inkompatible Bildwiederholfrequenzen entstehen.

Hier müssen Sie festlegen, in welcher **Qualität** Sie filmen wollen. Bei „High" ist die Datenrate mit 24 MBit/s doppelt so hoch wie bei „normal" mit 12 MBit/s. (Ausnahmen: 1.280 x 720 bei 30 fps und 25 fps haben Datenraten von 12 MBit/s bei „High" und 8 MBit/s bei „Normal"). Ich rate Ihnen zu hoher Qualität, denn diese ist auf einem guten Flachbildschirm meiner Erfahrung nach sichtbar besser als die niedrigere.

Sowohl das interne als auch ein externes **Mikrofon** lassen sich aussteuern. Entweder automatisch (links), oder Sie regeln den Pegel manuell. Ich bevorzuge Letzteres, weil es dann keine ungewollten Lautstärkeschwankungen gibt. Haben Sie einen externen Kopfhörer an die D600 angeschlossen, können Sie übrigens auch die Lautstärke der Kopfhörer-Tonausgabe auf den gewünschten Pegel einregeln.

Filmen mit der D600

Mit der letzten Video-Option des Aufnahmemenüs bestimmen Sie den **Speicherort** der Videoclips. Das können Sie ganz nach Wunsch entscheiden, denn ein Fach hat gegenüber dem anderen weder Vor- noch Nachteile. Sie sollten der Übersichtlichkeit halber aber auf jeden Fall Fotos auf der einen und (getrennt davon) Videos auf der anderen Karte speichern, da ansonsten „Format-Chaos" entstehen kann.

Weitere Video-Einstellungen befinden sich in Rubrik „g" der Individualfunktionen. Die ersten drei davon drehen sich um die Belegung der **Funktionstaste** (g1), der **Abblendtaste** (g2) und

der **AE-L/AF-L-Taste** (g3). Ich bespreche sie hier gemeinsam, denn für alle drei kann aus einem identischen Angebot an Funktionen ausgewählt werden. Da es hier unzählige Kombinationsmöglichkeiten gibt, und da ich, wie bereits erwähnt, kein ausgewiesener Video-Profi bin, fällt mir ein Rat sehr schwer, das muss ich zugeben. Ein befreundeter Videofilmer hat mir die nebenstehend gezeigte Kombination empfohlen; vielleicht möchten Sie sie ja einmal ausprobieren.

Normalerweise lösen Sie die Videoaufnahme durch den kleinen roten Knopf direkt hinter dem Auslöser aus. Ich finde diese Lösung weder von der Platzierung noch von der Größe her besonders gut gelungen. Ich meckere dennoch nicht darüber, denn mit der Individualfunktion g4 kann ich festlegen, dass künftig der normale Auslöser – natürlich nur bei aktiviertem Live View in Stellung „Video" – auch die Videoaufnahme startet, was mir deutlich besser gefällt.

Was vielen übrigens nicht klar ist: Die **Bildfeldwahl** gibt's **auch bei Video**! Genau wie beim Fotografieren werden mit dem DX-Bildfeld auch die Videomöglichkeiten erweitert: Sie können DX-Objektive verwenden; bei manueller Umschaltung auf das DX-Format bekommen Sie den „Tele-Boost". Um DX mit Videos verwenden zu können, muss vor Aktivierung von Live View bereits auf DX umgeschaltet sein.

Filmen mit der D600

Die **Anzeigeoptionen beim Videofilmen** sind denen beim Fotografieren mit Live View sehr ähnlich. Daher beschreibe ich sie hier nicht nochmals in allen Einzelheiten, weil ich Sie nicht mit unnötigen Wiederholungen langweilen möchte, sondern liste die Optionen kurz im Telegrammstil auf.

„Clean"

Keinerlei Informationen werden angezeigt; volle Konzentration auf's Motiv.

Gitternetz

Ein Gitternetz zur leichteren Positionierung des Motivs wird eingeblendet.

Wasserwaage

Gut geeignet um die Kamera in der Waagerechten zu halten.

Informationen

Alle erdenklichen Informationen werden hier angezeigt.

Weißabgleich / Audio

Mit der „?"-Taste und dem hinteren Wählrad verstellt man Weißabgleich, Tonpegel und Displayhelligkeit.

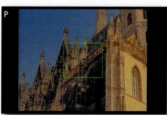

Fokuslupe

Die Lupenfunktion ist auch bei Video gut geeignet, um zu beurteilen, ob der Fokus „sitzt".

Picture Style

Genau wie bei Fotos kann auch für Videos der Picture Style schnell angepasst werden.

Belichtungskorrektur

Natürlich ist auch beim Videofilmen eine gezielte Über- oder Unterbelichtung möglich.

Praktische Tipps für Videofilme mit der D600

Wenn Sie mit der D600 ansprechende Videofilme drehen möchten, dann bitte ich Sie: Vergessen Sie alles, was Sie (eventuell) schon über das Videofilmen wissen. Filmen mit einer DSLR ist eine „ganz andere Baustelle" als das Filmen mit einem Camcorder, wie bereits erwähnt. Nachfolgend habe ich Ihnen deshalb einige Tipps aus meiner Praxis zusammengestellt, die einerseits das DSLR-Filmen allgemein erklären, auf der anderen Seite aber auch die video-spezifischen Besonderheiten der D600 verdeutlichen sollen.

Fokussieren Sie richtig

Ausnahmsweise beginne ich hier einmal mit dem, was Sie nicht tun sollten: Den nachführenden Autofokus (AF-F) zu benutzen. Nikon möge es mir verzeihen, doch ich bin nach ausgiebigen Tests der Ansicht, dass dieser für gute Videoaufnahmen kaum zu gebrauchen ist, das muss ich so deutlich sagen. Dazu möchte ich auch die diesbezügliche Aussage des schon erwähnten, mir bekannten Videoprofis zitieren: „Vergiss es!" Warum der Video-Kollege und ich so harsch sind, möchte ich gerne begründen, aber Sie werden es selbst auch schnell feststellen: Der nachführende Autofokus pumpt. Das bedeutet, dass der Autofokus auf der Suche nach dem Fokuspunkt (oder bei dessen Nachführung) ständig hin und her fährt. Dies wird einerseits im Videobild deutlich sichtbar und schlägt sich andererseits auch im Ton störend nieder, wenn Sie das interne Mikrofon verwenden. Sofern dieses Verhalten durch ein Firmware-Update verbessert werden kann, werde ich es gerne nochmals ausprobieren. Doch bis dahin bleibt AF-F für mich ein NO GO!

Den Einzelautofokus (AF-S) hingegen können Sie ohne Bedenken verwenden, zumal die Fokuslupe wertvolle Hilfe bei der Kontrolle des Schärfepunktes leistet. Der AF-S ist allerdings nicht sonderlich schnell, sodass er sich nur für statische Motive eignet. Doch dafür eignet er sich wirklich gut.

Mein Favorit für Videos ist ganz klar der manuelle Fokus. Nicht, dass ich mich mit professionellen Videofilmern oder gar mit Hollywood-Studios auf eine Stufe stellen möchte, aber: Für beide ist Autofokus ein Fremdwort; bei den Profis wird nur manuell fokussiert. Nichts kann sich unvorhersehbar verändern, und die Präzision ist so hoch wie bei keiner anderen Methode. Für Videos gibt es keinen besseren Weg. Wenn der Fokuspunkt sich während einer Szene nicht verändern muss, ist dies jedoch auch kein Problem.

Deutlich anspruchsvoller wird es allerdings, wenn innerhalb einer Szene der Fokuspunkt verschoben werden muss; beispielsweise um die Schärfe von einer Person im Vordergrund auf eine andere Person im Hintergrund zu „ziehen". Dabei kommen die Follow Fokus-Systeme ins Spiel, die ich Ihnen am Anfang des Kapitels vorgestellt habe. Trotz dieser Hilfen ist es aber alles andere als einfach, gleichzeitig die Kamera zu halten, den Bildausschnitt nicht aus dem Blick zu verlieren und währenddessen noch die Schärfe exakt zu verlagern – das kann man alleine nicht bewerkstelligen. Mein Rat: Entweder filmen Sie mit einem „Schärfe-Assistenten", oder Sie verzichten auf Szenen mit einer Schärfeverlagerung.

Vergessen Sie das Zoomen

Erneut ein Blick in Richtung Hollywood. Haben Sie schon einmal beobachtet, welcher Aufwand dort betrieben wird, nur um eine Kamerafahrt zu realisieren? Schienen werden verlegt, Wagen darauf befestigt, die die Kamera nebst Kameramann tragen – warum zoomen die nicht einfach? Weil das Zoomen keine natürliche Sichtweise ist, das menschliche Auge kann auch nicht zoomen. Deshalb wird in der Regel aufs Zoomen völlig verzichtet, und je Szene immer nur mit einer festen Brennweite gedreht (von Ausnahmen für spezielle Effekte einmal abgesehen). Deshalb sollten Sie es genauso handhaben: Zoomen Sie nicht. Auch deshalb nicht, weil die Zoombewegung durch den Griff ans Objektiv sehr schnell störendes Bildzittern verursachen kann.

Nutzen Sie den Wechselobjektiv-Trumpf

Mit Ihrer D600, dem FX- und DX-Bildfeld und Ihren Objektiven stehen Ihnen nahezu unbegrenzte Möglichkeiten offen, mit den verfügbaren Brennweiten und Bildwinkeln zu experimentieren – das kann auch ein gehobener Camcorder der Semi-Profi-Klasse nicht in dieser Form leisten. Spielen Sie mit den Brennweiten herum, nutzen Sie die ganze Ihnen zur Verfügung stehende Bandbreite aus! Es lohnt sich.

Öffnen Sie die Blende

Diese Empfehlung hängt natürlich direkt mit dem Objektiv-Tipp zusammen. Wenn Sie lichtstarke Objektive besitzen, zum Beispiel f/2,8 oder gar f/1,4, dann öffnen Sie sie! Durch den engen Schärfebereich, der sich durch das im Vergleich zu einem Consumer-Camcorder riesige Sensorformat der D600 nochmals in der visuellen Wirkung steigert, können Sie Aufnahmen mit einer Athmosphäre schaffen, die jeden Besitzer eines hochkarätigen Camcorders vor Neid erblassen lässt. Mit der D600 und einem möglichst weit geöffneten Objektiv ist ein „Hollywood-Look" super zu realisieren.

Filmen Sie mit manueller Belichtungssteuerung

Schon wieder manuell? Ja. Und wieder aus bestimmten Gründen. Fangen wir mit den schlechtesten Optionen an: P (Programmmodus) und S (Zeitvorwahl). In diesen Betriebsarten können Sie beim Videofilmen nur eine Belichtungskorrektur vornehmen – mehr nicht! Blende, ISO-Empfindlichkeit und Belichtungszeit werden von der Kamera automatisch geregelt, und Sie können es nicht beeinflussen. Daher sind diese beiden Modi für kreatives Filmen nahezu ungeeignet, wie ich finde. Filmen Sie hingegen mit der Blendenvorwahl (A), dann können Sie zusätzlich zu einer Belichtungskorrektur eben auch die Blende bestimmen – siehe „Öffnen Sie die Blende". Den Rest bestimmt aber auch hier die Kamera selbst; somit ist die Blendenvorwahl zwar etwas flexibler als P und S, aber sie ist auch noch nicht wirklich das, was man kreativ nennen kann.

Nur bei der manuellen Belichtungssteuerung können Sie den „Look" Ihres Films so bestimmen, wie Sie es möchten, denn Blende, Belichtungszeit und ISO-Empfindlichkeit wählen Sie aus, nicht die Kamera. Das erfordert natürlich etwas mehr Mühe bei der Einrichtung, aber es sollte Ihnen die Sache – also das Endergebnis – allemal wert sein. Zumal ich Ihnen im Foto-Kapitel „Richtig Belichten" noch darlegen werde, dass manuelles Belichten nicht wirklich schwer ist,

Filmen mit der D600

aber dafür viele Vorteile bietet. All diese Pluspunkte gelten genauso für Videofilme, und Sie sollten sie nutzen.

Denken Sie über die Auflösung nach

Sie können beim Videomodus der D600 unter zwei Bildauflösungen wählen: Full HD mit 1.920 mal 1.080 Bildpunkten oder HD mit 1.280 mal 720 Bildpunkten. Haben Sie sich schon für eine Auflösung entschieden? Die meisten Amateure, die ich kenne, wählen intuitiv Full HD, denn dessen Auflösung ist höher als bei HD, und deshalb muss das Videobild ja auch besser sein. Dem widerspreche ich nicht, denn es ist im Prinzip völlig korrekt.

Dennoch rege ich an, dass Sie Ihre Entscheidung einmal überdenken. Aus folgendem Grund: Sehen Sie sich bitte die nebenstehend abgebildeten Informationen zu zwei kurzen Videosequenzen an. Beide sind mit der D600 kurz hintereinander aufgenommen, bei beiden habe ich eine identische statische Szene mit einer Minute Länge gefilmt. Oben die Informationen zum Full HDClip, unten zu HD. Was auffällt: Der Full HD-Clip ist mit 166,1 MByte nahezu exakt doppelt so groß wie der HD-Clip mit 83,3 MByte.

Folgerung eins: Sie bekommen bei Full HD nur rund die Hälfte der Aufnahmezeit (pro Speicherkarte), die Sie bei HD haben könnten. Das mag angesichts der heutigen verschmerzbaren Speicherkartenpreise für viele kein großes Problem darstellen, zugegeben. Viel wichtiger ist daher Folgerung zwei: Was bedeutet das für die Nachbearbeitung am Computer? Full HD ist wesentlich leistungshungriger als HD. Die Bearbeitung von Full HD-Material kann sich deshalb sehr zäh gestalten, wenn Sie nicht über einen sehr gut ausgestatteten und sehr schnellen Computer verfügen.

Deshalb mein Vorschlag: Probieren Sie HD wenigstens einmal aus. Eine nicht-professionelle Videoproduktion vorausgesetzt, können Sie auch damit hervorragende Ergebnisse erzielen. Ich persönlich bin auf meinem 46-Zoll-Flatscreen mit der Qualität von HD-Videos jedenfalls vollauf zufrieden. Und: ARD, ZDF und arte (zum Beispiel) senden ebenfalls „nur" in HD. So schlecht kann die Qualität also nicht sein...

Die D600 drahtlos fernsteuern

▶ ISO 400, 26mm, f/5,6, 1/125s
▷ AF-S Nikkor 24-70mm 1:2.8G ED

Wireless Mobile Adapter

Drahtlose Fernsteuerung mit Handy oder Tablet

Im Kapitel über empfehlenswertes Zubehör habe ich Ihnen ein Zubehörteil ganz bewusst unterschlagen. Der Grund: Ich finde dieses Teil so klasse, dass ich ihm ein eigenes Kapitel widme. Genauer gesagt finde ich es super, wofür und wie man es einsetzen kann: Die Rede ist vom Wireless LAN Adapter WU-1b, der die D600 mit einem drahtlosen Netzwerk der besonderen Art verbindet und sie damit auf sehr komfortable Weise drahtlos fernsteuerbar macht.

Für rund 60 Euro optional zu erwerben, wird der WU-1b auf den USB-Anschluss der D600 aufgesteckt. Mehr ist nicht zu tun, um ihn in Betrieb zu nehmen. Keine Konfiguration, keine Einstellungen – einfach und bequem. Man muss sich etwas daran gewöhnen, dass bei seiner Benutzung die seitliche Klappe dauerhaft offen steht, doch das geht in Ordnung. Fehlt nur noch eins zum Glück, bevor es losgehen kann: Ein Smartphone oder ein Tablet-Computer, auf dem die kostenlose Software „Wireless Mobile Adapter Utility" (WMAU) ist. Diese Software gibt es für Android-Geräte sowie für iOS von Apple. Derzeit (Stand: Ende Oktober 2012) ist die Android-Version in einigen Bereichen besser ausgestattet als die iOS-Version. Die Gründe dafür sind mir nicht bekannt; ich kann auch nicht vorhersagen, ob die iOS-App demnächst eine Aufwertung erfährt. Auf die Unterschiede zwischen beiden Software-Versionen weise ich im Text immer dann durch ein Symbol für das jeweilige Betriebssystem hin, wenn es angebracht ist.

Der drahtlose Netzwerkadapter WU-1b an der USB-Buchse der D600.

Apple iOS

Android

Bevor wir die Funktionen im Einzelnen näher betrachten, möchte ich Ihnen kurz erläutern, wie die Sache funktioniert. Der WU-1b baut selbständig ein drahtloses Netzwerk (WLAN) nach IEEE 802.11b/g/n-Standard auf, in dem er (auch) als Sender dient. Falls Sie mit dieser kryptischen Bezeichnung ebenso wenig anfangen können wie ich, hier die Übersetzung: Es werden alle gängigen Standards unterstützt, sodass eine Inkompatibilität zu aktuellen Smartphones, Tablets oder Netzwerk-Routern nicht zu befürchten ist. Dieses vom Adapter aufgebaute drahtlose Netzwerk ist wegen seiner geringen Sendeleistung räumlich auf einige Meter begrenzt, doch zur Fernsteuerung der D600 und zur Übertragung von Fotos reicht das meist völlig aus.

Wireless Mobile Adapter

Was Sie unbedingt beachten sollten

Solange der WU-1b an der Kamera steckt, ignoriert die D600 die im Systemmenü eingestellten Ausschaltzeiten und bleibt ständig eingeschaltet – der Belichtungsmesser zum Beispiel ist also permanent aktiv. Zusammen mit dem Umstand, dass auch der WLAN-Adapter seinen Strom aus der Kamera „zapft", ist der Akku deshalb schneller leer als unter normalen Bedingungen. Besser, Sie laden den D600-Akku vor der Fernsteuerung vollständig auf.

Hinsichtlich der Kamera-Funktionen und der Bedienung gibt es ein paar Einschränkungen: Die Bildwiedergabe, die Videoaufnahme und die Blitzfunktion stehen nicht zur Verfügung, solange drahtlos „gefunkt" wird. Zudem sind einige Menüpunkte nicht aktiv und deshalb ausgegraut. Dennoch macht die Sache richtig viel Spaß, und das möchte ich Ihnen jetzt gerne im Detail zeigen. Vorab aber noch eine Anmerkung: Da alles Nachfolgende sowohl für ein Smartphone als auch für einen Tablet-Computer Gültigkeit hat, erspare ich es Ihnen und mir, jedes Mal „Smartphone/Tablet" zu schreiben. Wenn ich also (nur) vom Smartphone spreche, so gilt alles ebenso für ein Tablet, falls Sie ein solches zur Fernsteuerung benutzen möchten.

Die Vorbereitungen

Zunächst müssen Sie für Ihr Smartphone die Fernsteuer-App herunterladen. Suchen Sie im Google Play Store oder im Apple App Store nach „Nikon" und „Wireless", und Sie werden die kostenlose App namens „Wireless Mobile Adapter Utility" (WMAU) schnell finden und können sie herunterladen. Nach der Installation dürfen Sie sie auch gleich starten; Voraussetzung ist, dass der WU-1b bereits an Ihrer D600 steckt und die Kamera eingeschaltet ist.

Beim ersten Start sollten Sie keinen Schreck bekommen: Es erscheint eine Fehlermeldung die besagt, dass eine Verbindung zur Kamera nicht möglich sei. Der Grund ist entweder dass die WLAN-Funktion des Smartphones deaktiviert ist, oder dass das Gerät mit einem anderen WLAN, zum Beispiel dem in Ihrer Wohnung, verbunden ist, sodass das von der Kamera aufgebaute Netzwerk nicht gefunden werden kann.

Wireless Mobile Adapter

Aber auch für Netzwerk-Laien (wie mich) ist es kein Problem, dies zu korrigieren: Kurz die WLAN-Einstellungen öffnen, und es werden alle WLANs angezeigt, die das Smartphone aktuell findet, oder zu denen es schon einmal verbunden war. Darunter sollte sich nun ein neues, unbekanntes Netzwerk befinden, das einen kryptischen Namen wie „Nikon_WU_200002xyz" trägt – wichtig ist, dass „Nikon" in der Bezeichnung enthalten ist, damit Sie sichergehen können, auch das richtige WLAN (das der D600) auszuwählen. Haben Sie dies getan, sollte nach kurzer Zeit die Meldung „Mit WLAN verbunden" auf dem Display Ihres Smartphones erscheinen. Nun könnten Sie eigentlich sofort loslegen, doch ich lege Ihnen dringend ans Herz sich noch etwas in Geduld zu üben, um zunächst einige Einstellungen vorzunehmen, die Ihnen den späteren Umgang mit der drahtlosen Fernsteuerung erleichtern werden.

Starten Sie WMAU, drücken Sie danach zunächst die Menü-Taste des Smartphones, und tippen Sie auf „Einstellungen".

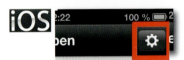

Starten Sie WMAU, und drücken Sie danach zunächst das kleine Zahnrad-Symbol in der oberen rechten Ecke.

Jetzt erscheint ein Auswahlmenü, in dem Sie diverse Einstellungen vornehmen können. Während Sie manche davon ganz nach persönlichem Geschmack einrichten können und sollten, möchte ich Ihnen für einige dieser Optionen konkrete Empfehlungen geben, die auf den Erfahrungen beruhen,

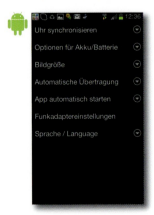

Das Auswahlmenü der Einstellungen für iOS (links) und Android (rechts).

die ich bereits mit der Fernsteuer-Software sammeln konnte. Leider ist die Reihenfolge der Optionen für die Android- und die iOS-Version unterschiedlich, sodass ich sie hier nicht chronologisch vostellen kann. Ich versuche jedoch soweit wie möglich eine sinnvolle Reihenfolge beizubehalten.

Der Sinn dieser Option ist selbsterklärend: Auf Wunsch wird die **Uhr synchronisiert**, also die Zeit der D600 mit der Zeit des Smartphones abgeglichen. Kann man machen, muss man aber nicht. Ich verwende es nicht; ich wüsste nicht, warum ich das tun sollte.

Hierbei geht es darum, Fehlfunktionen wegen zu schwacher Akkus zu vermeiden. Bei den **Optionen für Akku/Batterie** legen Sie fest, bei welchem Ladestand das Live View der Kamera automatisch beendet wird. Ich habe es bei den hier gezeigten Voreinstellungen belassen, weil ich denke, dass die 30-Prozent-Grenzen sinnvoll vorgewählt sind. Bei Android kann man die Einstellungen zusammen ansehen und ändern, bei iOS ist dieser Dialog in zwei Bildschirme aufgeteilt – warum auch immer.

Eine wichtige Voreinstellung verbirgt sich hinter der Einstelloption zur **Bildgröße**. Leider haben Sie dabei nur die Wahl zwischen zwei Größen: Original und VGA. Für welche dieser Möglichkeiten Sie sich entscheiden, hängt einzig davon ab, was Sie später mit den (auf dem Smartphone befindlichen) Fotos machen möchten. Wenn Sie etwa ein Tablet mit einem entsprechend großen Bildschirm verwenden und sich die geschossenen Fotos darauf ansehen wollen, so macht es eventuell Sinn, die volle Auflösung zu wählen. Übertragen Sie die Fotos jedoch an ein Smartphone, um sie zum Beispiel per Mail zu versenden, sind 24 Megapixel natürlich weit über das Ziel hinaus geschossen; VGA ist in diesem Fall eindeutig die bessere Wahl. Das Vorgenannte gilt übrigens nur für Android: Ich konnte trotz akribischer Suche in der iOS-Version keine Option für die Bildgröße entdecken; hier wird anscheinend stets die volle Auflösung übertragen.

Wireless Mobile Adapter

Während es bei Android einen klaren Dialog gibt, muss man in der iOS-Version dafür Sorge tragen, dass der rot umrandete Schalter aktiv ist.

Auf Wunsch erfolgt eine **automatische Übertragung** der per Fernsteuerung mit der Kamera geschossenen Fotos an das Smartphone; Sie müssen die Übertragung also nicht händisch starten. Was sich auf den ersten Blick sehr komfortabel anhört, hat sich für mich aber als nicht sehr praxistauglich erwiesen. Erstens möchte ich nicht jedes einzelne geschossene Foto auf das Smartphone gesendet haben, sondern später selbst die Auswahl treffen, und zweitens sind Kamera und Smartphone während des Übertragungsvorgangs „tot", sodass man nach jedem Foto abwarten muss, bis die Übertragung abgeschlossen ist. Daher lautet meine Empfehlung: Lassen Sie die automatische Übertragung besser deaktiviert.

Dass die **App automatisch starten** kann, wenn eine (mit einem Funkadapter bestückte) D600 erkannt wird, halte ich hingegen für eine sinnvolle Einstellung. Normalerweise werden Sie die Kamera ja nur mit dem Funkadapter versehen, wenn Sie auch tatsächlich Fotos zum Smartphone übertragen möchten. Daher spricht nichts dagegen, dass sich beim Einschalten der Kamera auch gleich die App aktiviert. Leider steht auch diese Option bei iOS nicht zur Verfügung.

Im Menüpunkt der **Funkadaptereinstellungen** können Sie den WU-1b sehr umfangreich konfigurieren. Falls Sie sich mit Netzwerken, deren Infrastruktur und den entsprechenden Einstellungen gut auskennen, dann wissen Sie, was zu tun respektive einzustellen ist, sodass ich Ihnen keine Empfehlung geben muss. Falls Sie jedoch (wie ich) zu den Netzwerk-Laien gehören, dann sollten Sie die meisten dieser Optionen besser unangetastet lassen. Denn wo viel eingestellt werden kann, kann auch viel falsch eingestellt werden, sodass im schlimmsten Fall nichts mehr geht im Netzwerk. Ist es doch mal passiert, hilft der Rettungsanker „Werkseinstellungen wiederherstellen".

Zwei Ausnahmen möchte ich hier jedoch von meiner Empfehlung machen. Eine betrifft die Netzwerk-Option namens „**SSID**". Dahinter verbirgt sich der Name, mit dem sich der WU-1b als Netz-

Wireless Mobile Adapter

werk zu erkennen gibt. Ich habe die ziemlich kryptische Voreinstellung in „Nikon D600" geändert, einfach weil es mir besser gefällt. Die zweite Ausnahme dreht sich um die **Verschlüsselung des Netzwerks**, die Sie unter „Authentifizierung" (iOS) beziehungsweise „Authentifizierung / Verschlüsselung" (Android) aufrufen können. Normalerweise vertrete ich zwar die Einstellung, dass man ein drahtloses Netzwerk stets bestmöglich verschlüsseln sollte, um es Außenstehenden so schwer wie möglich zu machen, unbefugt dort einzudringen. Da es sich hier jedoch um ein Netzwerk handelt, das nur wenige Meter weit reicht und nur zur Übertragung von Fotos dient, verzichte ich in diesem Fall in der Regel auf jegliche Sicherheitsvorkehrungen. Wenn Sie die WLAN-Funktion jedoch (auch) zur Übertragung sensibler Fotoinhalte verwenden möchten, oder wenn Sie sich in einer (netztechnisch gesehen) unsicheren Gegend befinden, dann schalten Sie die Verschlüsselung selbstverständlich besser ein.

Die Fernsteuerung in der Praxis

Genug der Einstellungen, jetzt geht es daran, die ersten Fotos per Fernsteuerung zu schießen und anschließend aufs Smartphone zu übertragen. Dazu müssen Sie sich zunächst innerhalb der WMAU-App auf der Startseite befinden, wie links abgebildet. Tippen Sie auf den obersten Eintrag „Bilder mit der Kamera aufnehmen" (Android) beziehungsweise „Fotos aufnehmen" (iOS).

Der daraufhin erscheinende Bildschirm ist sehr spartanisch, besser gesagt das, was Sie dort tun können ist gleich Null. Die App fordert Sie an dieser Stelle lediglich dazu auf, den Auslöser zu betätigen. Haben Sie dies getan und somit ganz normal ein Foto geschossen, kommt der weitere Verlauf auf Ihre Einstellungen an: Wenn die automatische Übertragung aktiviert (gelassen) wurde, wird das geschossene Foto anschließend sofort zum Smartphone übertragen.

181

Bevor Sie nun ob der kargen Funktionalität enttäuscht sind, oder sogar eine Fehlinvestition bezüglich der Kosten des Funkadapters befürchten, kommen wir zum „richtigen" Fernauslösemodus, der nur in Verbindung mit Live View funktioniert, und der sehr viel mehr zu bieten hat. Um diese Betriebsart zu aktivieren, können Sie unter Android entweder auf der Startseite „Bilder ferngesteuert aufnehmen" antippen, oder Sie legen den Schalter am oberen Rand um, sodass dieser sich auf der rechten Seite befindet. Haben Sie ein iOS-Gerät müssen Sie dafür sorgen, dass bei „Aufnehmen" die Option „WMAU" blau unterlegt und zusätzlich der Schalter „Live-View" aktiviert ist.

Die D600 schaltet jetzt via Fernsteuerung in den Live View-Modus. Nun bekommen Sie auf dem Smartphone einen Bildschirminhalt zu sehen, der wesentlich interessanter aussieht als der zuvor: Das Display wird jetzt von der Anzeige des Livebilds der Kamera dominiert. Direkt darunter werden die eingestellten Parameter angezeigt; im Einzelnen sind dies (von links nach rechts) die Belichtungszeit, die Blende, die verbleibende Anzahl der Fotos sowie der Akkuladestand.

Weiter unten ist mittig ein großer Button angebracht, der, wie Sie wahrscheinlich schon vermuten, den Auslöser darstellt; bei iOS ist er mit einem Kamerasymbol versehen. Wenn Sie diesen Auslöser (auf dem Smartphone-Display) betätigen, wird das Foto ausgelöst. Eine wichtige Sache sollten Sie vorher aber unbedingt noch erledigen: Das Fokussieren! Und das erfolgt sehr komfortabel: Sie tippen auf dem (auf dem Smartphone) angezeigten Live-Vorschaubild einfach auf die Stelle, an die Sie den Fokus legen möchten. Nahezu ohne Verzögerung erscheint dort ein roter Fokus-Rahmen, und die D600 startet den Fokussiervorgang. Ist sie damit fertig, erhält der Rahmen eine grüne Farbe.

> *Wie Sie bereits aus dem Kapitel „Live View" wissen, ist der Autofokus in dieser Betriebsart leider nicht sonderlich schnell. Hinzu kommt, dass die Kamera, wie oben beschrieben, erst nach dem Antippen des Auslösers und vorher erfolgtem Scharfstellen auslöst. Fotografieren per Fernauslösung ist also eine eher gemächliche Sache und eignet sich daher am besten für statische Motive wie Landschaften.*

Nun kommt es erneut darauf an, ob Sie die automatische Übertragung aktiviert haben oder nicht. Im ersten Fall wird das geschossene Foto wie zuvor automatisch zum Smartphone übertragen. Haben Sie die automatische Übertragung hingegen deaktiviert, müssen Sie die geschossenen Fotos nun händisch aufs Smartphone übertragen. Das funktioniert recht komfortabel: Tippen Sie im Android-Hauptmenü auf „Bilder von der Kamera übertragen"; bei iOS lautet der entsprechende Eintrag „Fotos anzeigen".

Die Remote App sucht nun die Speicherkarte der D600 nach vorhandenen Fotos ab. Sind mehrere Ordner auf der Speicherkarte vorhanden, bekommen Sie zuvor eine Ordnerliste angezeigt, aus der Sie den Ordner mit den gewünschten Fotos durch Antippen auswählen müssen. Ist der Suchvorgang beendet, zeigt die App alle Fotos als Index an, wie links zu sehen. Durch diesen Index lässt sich senkrecht hoch- und runterscrollen. Möchten Sie alle gefundenen Fotos aufs Smartphone transferieren, tippen Sie jetzt einfach auf den unten rechts angezeigten Button „Übertragen", und der Vorgang startet sofort. Nun müssen Sie lediglich abwarten bis alle Fotos auf dem Smartphone angekommen sind. Achtung: Die Komplettübertragung gibt's nur bei Android!

Falls Sie jedoch nur einige Fotos aufs Smartphone überspielen möchten, gibt es dazu zwei verschiedene Möglichkeiten, um diese auszuwählen. Möglichkeit eins: Sie tippen auf eines der Fotos, das Sie übertragen lassen möchten. Dieses erscheint daraufhin groß auf dem Display des Smartphones, wie nebenstehend zu sehen. Tipp: Wenn Sie das Smartphone ins Querformat drehen, werden querformatige Fotos sehr viel größer dargestellt! In beiden Darstellungsarten tippen Sie nun auf „Auswählen", wenn Sie das gerade angezeigte Foto (mit) übertragen möchten. Um zur nächsten Aufnahme zu gelangen, wischen Sie mit dem Finger nach links oder rechts über den Bildschirm, wie Sie es von der Fotoanzeige Ihres Smartphones gewohnt sind.

Die bereits ausgewählten Fotos sind mit einem kleinen grünen Häkchen versehen, damit Sie auf einen Blick feststellen können, welche der Aufnahmen sich bereits in der Übertra-

gungsliste befinden. Übrigens: Falls Sie bei der Bildauswahl versehentlich einmal daneben tippen sollten, so ist das nicht weiter schlimm: Jedes ausgewählte Foto lässt sich durch Antippen des Buttons „Auswahl aufheben" auch leicht wieder aus der Übertragungsliste entfernen.

Alternativ zur zuvor beschriebenen Methode können Sie die Bildauswahl auch vornehmen, indem Sie in der Index-Ansicht etwas länger auf ein gewünschtes Foto tippen; auch dann erscheint das grüne Häkchen. Dies ist nach meiner Praxiserfahrung die zu bevorzugende Methode, wenn Sie sich a) über die Bildauswahl sicher sind und nicht jedes Foto vorher nochmals ansehen müssen, und/oder b) wenn es um die Auswahl einer größeren Menge an Fotos geht, denn dies lässt sich auf diese Art viel schneller erledigen als jedes Foto einzeln durchscrollen zu müssen. Die Übertragung aufs Smartphone starten Sie jetzt durch Antippen des „Übertragen"-Buttons, und der Transfer startet.

Tipp: Während Sie sich in der Bildauswahl befinden und sich ein einzelnes Foto anzeigen lassen, können Sie bei Android die Menütaste des Smartphones betätigen. Dann erscheint am unteren Rand ein Button mit der Bezeichnung „Mehr Informationen". Wenn Sie diesen jetzt antippen, öffnet sich ein neues Fenster, das detaillierte Informationen zu diesem Foto anzeigt. Bei iOS erreichen Sie die gleiche Informationsanzeige, indem Sie auf den „i"-Button in der rechten unteren Ecke tippen. Falls Sie also einmal bei der Bildauswahl für die Übertragung nicht ganz sicher sind, gibt diese Detailauskunft vielleicht den entscheidenden Hinweis.

> ### Unterschiede zwischen Android und iOS
>
> *Bis zu diesem Punkt konnte ich die Besprechung der Apps für beide Handy-Betriebssysteme „unter einen Hut bringen", ohne dass es zu unübersichtlich wurde (hoffe ich jedenfalls). Im Folgenden unterscheiden sich die beiden Apps jedoch zu stark, als dass dies weiter Sinn ergeben würde. Ich trenne daher die Vorstellung der restlichen Funktionen in je einen eigenen Abschnitt für Apple iOS und Google Android auf.*

Apple iOS

Die gewünschten Fotos sind also auf Ihr Smartphone übertragen – und nun? Sehen wir uns deshalb an, was Sie jetzt damit machen können. Zunächst wechseln Sie zum Hauptbildschirm, falls Sie nicht ohnehin schon dort sind. Tippen Sie dann wieder auf die Schaltfläche „Fotos anzeigen". Jetzt erscheint die bereits bekannte Übersicht der Aufnahmen, die sich auf der Kamera befinden. Doch das interessiert uns in diesem Moment nicht, denn es geht ja um die Fotos, die schon auf das Smartphone übertragen wurden. Um sich diese anzeigen zu lassen, tippen Sie oben rechts auf das kleine Smartphone-Symbol.

Nun bekommen Sie erneut die Fotoübersicht zu sehen. Diesmal handelt es sich um die Aufnahmen, die schon auf dem Smartphone gespeichert sind. Wenn Sie an dieser Stelle eines der Fotos antippen, wird es Ihnen wie gewohnt groß auf dem Display des Smartphones angezeigt. Unten links taucht jetzt ein Symbol auf, das in der iOS-Welt bekannt ist und für eine Weiterleitung oder Verteilung steht – genau das, was wir wollen, also tippen Sie bitte darauf.

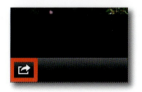

Ein neues Fenster öffnet sich. Es gibt Ihnen zunächst die Wahl, das Foto per E-Mail zu versenden oder zu twittern. Dazu öffnen sich die iOS-eigenen und bekannten Standard-Anwendungen, an die das Foto automatisch übergeben wird, sodass ich dies hier nicht näher beschreiben muss.

Die dritte Schaltfläche trägt die Bezeichnung „In einer anderen App öffnen". Wählen Sie diese Option aus, so erscheint ein weiteres Fenster, das „Dropbox" und „Evernote" zur Wahl stellt; auch hierbei wird das Foto automatisch an die jeweilige Anwendung „durchgereicht". Die Zusammenarbeit klappt in beiden Fällen reibungslos, wie das links abgebildete Menüfoto am Beispiel der „Dropbox" zeigt.

Das war's auch schon; jedenfalls was mein iPhone betrifft. Je nachdem welche Apps auf Ihrem Gerät installiert sind, werden vielleicht (auch) andere Anwendungen zur Auswahl angeboten, aber ich kann leider nicht mit Sicherheit sagen, welche das sein könnten, da es weder Konfigurationsmöglichkeiten noch Informationen darüber gibt.

Google Android

Bestimmt ist Ihnen aufgefallen, dass der WMAU-Startbildschirm neben „Aufnehmen", „Ferngesteuert aufnehmen" und „Übertragen" noch einen vierten Eintrag bereithält, der „Bilder verbreiten" benannt ist. Hinter diesem Menüpunkt verbergen sich eine ganze Menge Möglichkeiten, wenn die Fotos einmal auf das Smartphone übertragen sind. Sehen wir uns also einmal an, was dahinter steckt.

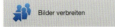

Beim Start erscheint der Indexbildschirm mit allen auf das Smartphone übertragenen Fotos. Sie haben jetzt wieder die Möglichkeit, entweder im Index etwas länger auf ein Indexbild zu tippen, sodass sich gleich mehrere Fotos auf einmal auswählen lassen, oder ein einzelnes Foto kurz anzutippen, um es für die Verbreitung auszuwählen, woraufhin es auf dem Display größer angezeigt wird.

Bei letzterer Auswahlmethode bekommen Sie unten rechts zusätzlich eine Zoomtaste angezeigt. Tippen Sie sie an, können Sie recht weit in das ausgewählte Foto hineinzoomen, um die Schärfe zu prüfen. Oder aber Sie drücken die Menü-Taste des Smartphones, worauf am unteren Bildrand unter anderem die Option „Mehr Informationen" erscheint. Hier können Sie sich wieder detailliertere Informationen anzeigen lassen oder nach links oder rechts drehen, falls es erforderlich oder gewünscht sein sollte.

Am spannendsten ist zweifellos die Option, um die es sich hier letzlich dreht: Die Fotos auch zu verbreiten. Nicht weniger als 11 verschiedene Möglichkeiten werden angeboten, die eigenen Fotos „unters Volk" zu bringen. Die Android-App ist hier wesentlich umfangreicher ausgestattet als die iOS-Version, wie Sie nachfolgend selbst sehen können.

Fangen wir mit dem obersten und dem untersten Eintrag an. Diese setzen zwar auf unterschiedliche Übertragungswege, sind aber in ihrer Funktion prinzipiell gleich: Sie senden die Daten direkt an ein in Reichweite befindliches Gerät (via Bluetooth; oben) oder aber an ein in Reichweite befindliches zweites Android-Gerät (unten), das dazu ebenfalls über die direkte Netzwerkfunktion (via WiFi Direct) verfügen muss, damit es funktioniert.

Wireless Mobile Adapter

Ebenfalls sehr nützlich: Nutzer des beliebten Online-Speichers „Dropbox" können Fotos direkt dorthin hoch laden, wie es Besitzer eines iPhones auch tun können; hier gibt es ausnahmsweise keinen Unterschied.

Fotos werden an das Mailprogamm als Anhang übergeben.

Benutzer der App für Google Mail können auch diese mit WMAU verwenden.

Per Übergabe eines Fotos an den Fotoeditor kann man Verbesserungen vornehmen.

Mitglieder von Google Plus können Fotos direkt dorthin posten.

Auch der Direktversand als MMS ist kein Problem.

Fotos können auch an Skype-Kontakte gesandt werden.

Der „Social Hub" sendet Fotos in bis zu vier verschiedene Netzwerke.

Fotos oder ganze Alben lassen sich zum „Bilderparkplatz" Picasa transferieren.

Richtig Fokussieren

▶ *ISO 100, 62mm, f/8, 1/800s*
▷ *AF-S Nikkor 24-70mm 1:2.8G ED*

Richtig Fokussieren

Amateurfotografen beklagen sich oft, dass ihre Fotos nicht so richtig scharf werden. Die Schuld wird beim Objektiv, der Kamera oder der Kombination beider gesucht. Sicherlich gibt es Kameras mit fehlerhaft justierten Fokuseinheiten, und es kann durchaus mal vorkommen, dass ein Objektiv suboptimal gefertigt ist. Doch in den allermeisten Fällen ist es der Fotograf, der für die mangelnde Schärfe die Hauptverantwortung trägt - das zeigt meine Erfahrung.

Dabei ist es ist kein großes Geheimnis, ein knackscharfes Foto zu schießen, wenn Sie einige wenige Regeln beherzigen, die ich Ihnen nachfolgend vorstellen möchte. Zwei Dinge sind für die Funktionsweise des Autofokus entscheidend: Die Autofokus-Betriebsarten sowie die Autofokus-Messfeldarten. Es gilt, diese beiden Elemente optimal auf das jeweilige Motiv hin zu kombinieren.

Das ist allerdings leichter gesagt als getan, zugegeben, doch so schwer ist es auf der anderen Seite nun auch wieder nicht. Ich beschreibe Ihnen die Varianten der Autofokus-Betriebsarten und der Messfeldsteuerung, wann Sie sie jeweils einsetzen sollten (und wann nicht), welche Kombination beider Elemente den größten Erfolg verspricht und gebe Ihnen zusätzlich Tipps mit auf den Weg, die Ihre Ausbeute an scharfen Fotos deutlich erhöhen werden - versprochen.

Rechts abgebildet die Bedienelemente des Autofokus an der Kamera. Nach diesem einfachen Schema richten Sie die Arbeitsweise des Autofokus bei Bedarf schnell und sicher ein.

Mit dem kleinen Schalter neben dem Objektiv wechseln Sie zwischen manuellem Fokus und Autofokus.

Autofokusknopf plus hinteres Rad

entscheidet über die Fokusart.

Autofokusknopf plus vorderes Rad

entscheidet über die Messfeldart.

Die Autofokus-Betriebsarten

Einzelautofokus (AF-S)

Einzelautofokus bezeichnet die Methode, bei der Sie durch halbes Durchdrücken des Auslösers (oder der AE-L /AF-L-Taste; je nach Konfiguration) den Autofokus aktivieren. Dieser stellt daraufhin scharf, was durch eine grüne Leuchtdiode im Sucher signalisiert wird, sobald der Fokusvorgang abgeschlossen ist. Danach drücken Sie den Auslöser ganz durch und schießen das Bild.

Obwohl dies alles recht schnell abläuft, ist diese Methode dennoch in den allermeisten Fällen zu langsam, um (auch nur leicht) bewegte Motive zuverlässig scharf zu stellen. Sie empfiehlt sich daher nur für absolut statische Motive wie Landschaften oder Gebäude. Und auch nur dann, wenn Sie mit Stativ arbeiten, sodass auch die Kamera sich ganz sicher nicht bewegen kann!

Kontinuierlicher Autofokus (AF-C)

Drücken Sie in dieser Betriebsart den Auslöser halb durch (oder die AE-L/AF-L-Taste), stellt die D600 ebenfalls scharf. Im Gegensatz zum Einzelfokus hört das Fokusmodul an dieser Stelle jedoch nicht mit seiner Arbeit auf, sondern ist bis zum eigentlichen Auslösevorgang permanent aktiv. Das bedeutet: Bewegt sich das Motiv, etwa eine Person beim Porträt-Shooting, nach der ersten Scharfstellung aus dem zuvor gemessenen Schärfebereich heraus, so ist das nicht weiter tragisch: Die Kamera führt den Fokus permanent nach, sodass das Motiv trotz einer eventuellen Bewegung nach wie vor scharf gestellt ist, wenn der „Schuss" erfolgt.

Der kontinuierliche Autofokus ist also immer dann Pflicht, wenn auch nur eine geringe Wahrscheinlichkeit besteht, dass das Motiv sich bewegt. Oder auch, und das wird oftmals vergessen, wenn die Möglichkeit besteht, dass Sie, also der Fotograf, sich bewegen, denn Sie halten ja die Kamera in der Hand! Schießen Sie also aus der freien Hand und nicht von einem Stativ oder von einer felsenfesten Unterlage wie zum Beispiel einer Mauer aus, dann sollten Sie immer - wirklich immer!- den kontinuierlichen Autofokus aktivieren, denn nur so lässt sich auch ohne Stativ ein richtig scharfes Foto schießen.

Richtig Fokussieren

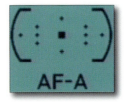

Autofokus-Automatik (AF-A)
Neben dem Einzelautofokus und dem kontinuierlichen Autofokus beherrscht die D600 noch eine dritte Betriebsart. Bei der Autofokus-Automatik entscheidet die Kamera selbständig darüber, ob sie für das jeweilige Motiv den Einzelautofokus oder den kontinuierlichen Autofokus aktiviert. Diese Automatik ist bei einigen Scene-Programmen die Standardeinstellung, weil sie besonders weniger erfahrenen Fotografen prima unter die Arme greift. Das funktioniert recht gut; probieren Sie es also ruhig einmal aus, wenn Sie sich über die richtige Fokusart (noch) nicht ganz sicher sind.

Mit dem manuellen Fokus zu arbeiten, ist nicht etwa hinderlich, sondern trägt viel dazu bei, sich voll und ganz auf das Motiv zu konzentrieren.

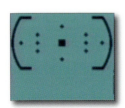

Manuelle Fokussierung (MF)
Ähnlich wie beim manuellen Aufnahmemodus trauen sich sehr viele Amateure nicht an den manuellen Fokus heran. Dabei ist das längst nicht so schwierig, wie Sie vielleicht denken: Wenn Sie manuell scharf stellen, funktioniert die grüne Leuchtdiode im Sucher dennoch! Damit bekommen Sie also auch ohne Autofokus einen eindeutigen Hinweis, wann das Motiv scharf gestellt ist.

Auch wenn es Sie überrascht: Der manuelle Fokus und auch der Fokus beim Live View sind dem normalen Autofokus überlegen. Nicht etwa in der Schnelligkeit, aber in der Präzision. Wenn Sie ein schwierig zu fokussierendes Motiv fotografieren wollen, oder wenn der Autofokus – aus welchem Grund auch immer – an seine Grenzen stößt und keine zuverlässigen Ergebnisse erzeugt, dann ist die manuelle

Scharfstellung die richtige Wahl, um genau auf den Punkt zu fokussieren. Doch es macht auch Spaß, einfach so den Autofokus abzuschalten. Damit stellt sich nämlich unwillkürlich auch eine andere Art des Fotografierens ein: Besonnen und ruhig. Das überträgt sich unbewusst auf die Fotos, die Sie auf diese Art schießen und lässt bei Ihnen vielleicht einen ganz neuen Aufnahmestil entstehen. Probieren Sie es doch einfach einmal aus!

Die Autofokus-Messfeldarten

Anzahl und Auswahl der Fokuspunkte

Die D600 besitzt bekanntlich nicht nur einen Fokuspunkt in der Mitte des Suchers, sondern gleich 39 davon, die über das Zentrum des Sucherbilds verteilt liegen. Das ist übrigens recht üppig: So manch andere DSLR bietet eine deutlich geringere Anzahl. Diese Fokuspunkte können Sie einzeln anwählen; das Fokusmodul stellt dann genau auf diesen Punkt scharf. Damit erhalten Sie die sehr nützliche Möglichkeit, auch dann auf ein Motiv scharf zu stellen, wenn es sich nicht genau in der Bildmitte befindet (oder befinden soll). Dass auf der anderen Seite die alternativ wählbaren (nur) 11 Fokuspunkte auch ihre Vorteile bieten können, habe ich Ihnen im Kapitel „Individualfunktionen; a6" geschildert.

Einzelfeld-Messfeldsteuerung

Die Funktionsweise ist einfach erklärt: Sie bestimmen mit dem Multifunktionswähler das passende Fokusmessfeld, und die Kamera stellt auf dieses Messfeld scharf, wie oben bereits erläutert. Verlässt das Motiv aber den Bereich dieses Messfeldes, wird das Foto unscharf. Daher ist die Einzelfeld-Messfeldsteuerung nur anzuraten, wenn Sie bei statischen Motiven auf den Punkt fokussieren wollen.

Dynamische Messfeldsteuerung

Hiermit bietet Ihnen die D600 eine deutlich flexiblere Variante an, weil sie Bewegungen des Motivs nicht krumm nimmt. Wissenschaftlicher formuliert: Verlässt das Motiv den Bereich des Fokusmessfelds, das Sie übrigens auch hier frei auswählen können, so holt die Kamera sich ihre Informationen zur Scharfstellung (auch) von den benachbarten Fokusmessfeldern. Die dynamische Messfeldsteuerung ist

Richtig Fokussieren

also immer dann angeraten, wenn das Motiv nicht statisch ist. Oder auch, wenn Sie sich als Fotograf in Bewegung befinden. Als ich eingangs dieses Absatzes von einer Variante der Messfeldsteuerung sprach, war das allerdings nicht ganz korrekt: Die D600 beherrscht gleich drei Arten der dynamischen Messfeldsteuerung; mit 9 Messfeldern (d9), mit 21 Messfeldern (d21) und mit 39 Messfeldern (d39).

Das erweitert die Möglichkeiten und Fähigkeiten des Autofokus, erschwert aber etwas die richtige Wahl: Wann ist welche Anzahl dynamischer Messfelder passend? Ganz einfach: Es hängt vom Motiv ab. Hierzu möchte ich Ihnen Empfehlungen geben, die auf meinen Erfahrungen beruhen. Es sind aber keineswegs „Gesetze", sondern Vorschläge, aus denen Sie die für Sie optimalen Einstellungen ableiten können - und natürlich auch sollten.

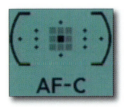

Dynamische Messfeldsteuerung mit 9 Messfeldern
Meine Standardeinstellung für Freihandaufnahmen, wenn das Motiv sich aller Voraussicht nach nicht oder nur wenig bewegen wird. Zum Beispiel sehr gut geeignet für einen Freihand-Streifzug (ohne Stativ) durch die Stadt oder übers Land. Meine bevorzugte Einstellung für 75 bis 80 Prozent aller Freihandaufnahmen. Funktioniert super.

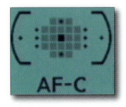

Dynamische Messfeldsteuerung mit 21 Messfeldern
Ist vorhersehbar, dass das Motiv sich stärker und/oder unberechenbarer bewegen wird, ist dies die Einstellung der Wahl. Herumtollende Kinder oder Tiere, Sportler auf dem Feld oder in der Halle sind einige Beispiele dafür. Ich empfehle: Nehmen Sie die 21 Messfelder, wenn Sie mit 9 Messfeldern keine ausreichend hohe Trefferquote mehr erzielen.

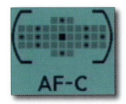

Dynamische Messfeldsteuerung mit 39 Messfeldern
Sozusagen die Task Force für schwierige, sich sehr schnell und sehr unvorhersehbar bewegende Motive, die man deshalb auch leicht mal aus dem Sucherblickfeld verlieren kann. Vögel im Flug oder der Fuchs in der freien Wildbahn zum Beispiel. Diese Messfeldsteuerung ist die beste, die Sie für solche Motive bekommen können. Auch hier: Nur nehmen, wenn 21 Felder nicht reichen. Und: Erwarten Sie bitte für solch schwierige Motive keine Wunder...

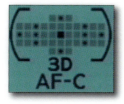

3D-Tracking

Wenn Sie durch die Optionen der Messfeldsteuerung blättern, werden Sie festgestellt haben, dass es noch zwei weitere Einstellmöglichkeiten gibt. Da wäre zunächst das 3D-Tracking. Das Funktionsprinzip: Sie wählen wie gewohnt Ihr passendes Fokusmessfeld. Sobald Sie fokussieren, merkt sich die D600 aber nicht nur die Entfernung zum Motiv, sondern auch dessen Kontrast und Farbe. Somit hat die Kamera quasi einen „Steckbrief" des Motivs und kann dieses über das Sucherbild nachverfolgen.

Das funktioniert recht gut, solange drei Voraussetzungen erfüllt sind: Erstens muss das Motiv innerhalb des Sucherbilds bleiben (Sie müssen die Kamera also entsprechend nachführen), zweitens müssen Kontrast und Farbigkeit des Motivs sich ausreichend vom Hintergrund abheben, und drittens darf die Umgebungshelligkeit nicht zu dunkel sein. Prinzipiell eine sehr hilfreiche Angelegenheit, die mir persönlich jedoch nicht zuverlässig genug funktioniert. Ich habe es sehr häufig erlebt, dass das 3D-Tracking genau im falschen Moment versagt hat, was sehr ärgerlich sein kann. Deshalb rate ich eher davon ab. Allerdings spricht nichts dagegen, es einmal auszuprobieren, um sich ein eigenes Bild zu machen.

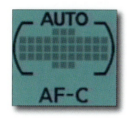

Automatische Messfeldsteuerung

Die letzte Option ist die der automatischen Messfeldsteuerung. Alle Fokusfelder sind aktiv; die Kamera wählt das/die passende(n) Messfelder im Moment der Autofokus-Aktivierung nach einem einfachen Prinzip selbständig aus: Sie fokussiert auf das Objekt, das ihr am nächsten liegt. Die Auto-Messfeldsteuerung benutze ich nie, denn ich möchte selbst bestimmen, wo der Fokus liegen soll. Eine große Ausnahme gibt es jedoch: Falls Sie Ihre D600 mal einer Person überlassen, die fotografisch nicht so erfahren ist, kann die Auto-Einstellung hilfreich sein.

Einschränkungen bei der Messfeldsteuerung

Bitte beachten Sie: Beim Einzelautofokus (AF-S) stehen Ihnen nur die Einzelfeld-Messfeldsteuerung sowie die automatische Messfeldsteuerung zur Verfügung! Alle anderen Arten gibt's nur beim kontinuierlichen Autofokus (AF-C) sowie bei der Automatik (AF-A).

Richtig Fokussieren

Einige einfache Fokusregeln für die D600

Statische Motive wie Landschaften oder Gebäude, **vom Stativ** aus fotografiert: Einzelautofokus (AF-S) oder manueller Fokus (MF) plus Einzelfeld-Messfeldsteuerung. Bei Live View: Einzelautofokus (AF-S) oder manueller Fokus (MF) plus normales Messfeld.

Statische Motive, aus der Hand fotografiert: Kontinuierlicher Autofokus (AF-C) plus Einzelfeld-Messfeldsteuerung. Bei Live View: Permanenter Autofokus (AF-F) plus normal großes Messfeld.

Schnappschüsse, bei denen sowohl das Motiv als auch Sie selbst mehr oder weniger in Bewegung sind: Kontinuierlicher Autofokus (AF-C) oder Autofokus-Automatik (AF-A) plus automatische Messfeldsteuerung. Bei Live View: Kontinuierlich (AF-F) plus großes Messfeld.

Makroaufnahmen und Aufnahmen unter schwierigen Licht- oder Fokusbedingungen: Manueller Fokus (MF) plus Einzelfeld-Messfeldsteuerung. Bei Live View: Manueller Fokus (MF; mit Lupe!) plus normales Messfeld.

Nur beim Fotografieren mit dem Sucher

Für alle anderen Motive wählen Sie die Kombination aus Kontinuierlichem Autofokus (AF-C) plus dynamischer Messfeldsteuerung. Diese Kombination sollte deshalb auch als Grundeinstellung für die D600 gewählt werden.

Nur beim Fotografieren mit Live View

Bei Porträts oder bei Fotos von Menschen allgemein können Sie bei ausreichenden Lichtverhältnissen auf den Porträt-AF zurückgreifen. Sie sollten ihn in der Regel mit dem permanenten Autofokus (AF-F) kombinieren.

Moderne Autofokussysteme wie das der D600 sind sehr leistungsfähig, doch die Universal-Kombination, die immer und überall zu perfekten Ergebnissen führt, gibt es auch heute noch nicht. Sie sollten sich daher für jede Motivart das beste Setup zusammenstellen und merken, um immer Herr der (Autofokus-) Lage zu sein. Das lernen Sie schneller als Sie denken, denn so schwer ist es wirklich nicht.

Richtig Fokussieren

Der Trick für schnelle Motive

Extrem schnell bewegte Motive sind auch für moderne Autofokussysteme immer noch sehr schwierig zu fokussieren. Ein praktisches Beispiel: Sie möchten ein Autorennen fotografieren. Sie haben einen Platz an der Rennstrecke ergattert, an dem Sie sich mit Ihrer Kamera aufbauen. Von dort aus haben Sie eine Kurve im Visier, um die die Wagen später dynamisch herumschießen werden. Da Sie aber mit einer recht hohen Telebrennweite arbeiten müssen, und die Rennwagen zudem mit sehr hoher Geschwindigkeit um die Kurve kommen werden, dürfte die Ausbeute an wirklich scharfen Fotos zur reinen Glückssache werden.

Doch dafür gibt es einen Trick, mit dem insbesondere Sportfotografen gerne arbeiten: Das Vorfokussieren. So geht's (wir bleiben beim Beispiel der Rennstrecke): Sie wissen ja, wo später die „Action" stattfinden wird: In unserem Fall am Scheitelpunkt der Kurve. Richten Sie also Ihr Objektiv auf den entsprechenden Punkt, bestimmen Sie den gewünschten Bildausschnitt, und stellen Sie mit dem Autofokus scharf. Nun schalten Sie den Autofokus ab! Doch Achtung: Sie müssen ab jetzt sehr genau darauf achten, dass Sie weder Ihre eigene Position verändern, noch (versehentlich) den Fokusring am Objektiv Ihrer Kamera verstellen. Nun können die Rennwagen kommen: Sie haben ja bereits (in aller Ruhe) scharf gestellt, sodass Sie sich nur noch darauf konzentrieren müssen, die Rennwagen gut im Bildausschnitt zu positionieren. Bei aktiver Serienbildfunktion halten Sie nun einfach drauf, und die Fotos werden scharf!

Auch die Herausforderung, ein Autorennen zu fotografieren, können Sie mit der D600 bestens meistern, wenn Sie sich bereits im Vorfeld für die optimale Fokusmethode entscheiden.

Richtig Fokussieren

Das ultimative Fokus-Setup

Vor einigen Jahren habe ich mir von einem befreundeten Profi-Sportfotografen ein Fokus-Setup abgeschaut, das ich seitdem an allen Nikon-Kameras, mit denen ich fotografiere, standardmäßig einstelle, falls möglich. Es ist zunächst etwas gewöhnungsbedürftig, das gebe ich gerne zu, denn künftig müssen Sie etwas anders fotografieren respektive fokussieren, als Sie das bislang gewohnt sind. Doch nach kurzer Zeit werden Sie sich fragen, wieso Sie nicht schon immer so fokussiert haben, denn die Vorteile dieses Setups sind absolut grandios - Sie werden sehen.

Wenn Sie jetzt neugierig geworden sind, dann bitte ich Sie mir nun zu vertrauen, und die folgenden Einstellungen an Ihrer D600 der Reihe nach vorzunehmen:

Wählen Sie zunächst einen der klassischen Aufnahmemodi A (Zeitautomatik), S (Blendenautomatik) oder P (Programmautomatik) ganz nach eigenem Wunsch aus.

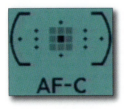

Richten Sie die Kamera auf den kontinuierlichen Autofokus (AF-C) ein. Wählen Sie dazu die dynamische Messfeldsteuerung mit neun Feldern (d9) aus. Beides können Sie über die Fokustaste sowie das hintere Einstellrad (Fokusart) und das vordere Einstellrad (Messfeldwahl) einrichten, wie zuvor bereits ausführlich beschrieben.

Rufen Sie das Hauptmenü auf. Scrollen Sie mit dem Multifunktionswähler zu den Individualfunktionen und dort weiter bis zur Rubrik „a Autofokus". Wählen Sie den Punkt „a1 Priorität bei AF-C" aus. Stellen Sie die Schärfepriorität ein, sofern Sie dies nicht schon zuvor getan haben, und bestätigen Sie die neue Einstellung mit der „OK"-Taste.

Bleiben Sie innerhalb des Menüs der Individualfunktionen. Scrollen Sie mit dem Multifunktionswähler zur Rubrik „f Bedienelemente". Bewegen Sie sich mit dem Multifunktionswähler bis zum Punkt f4 AE-L/AF-L-Taste".

Wählen Sie den Eintrag „AF-ON Autofokus aktivieren", bestätigen Sie Ihre Wahl erneut mit „OK", und verlassen Sie anschließend das Hauptmenü.

Richtig Fokussieren

Ich möchte die Optionen zusammenfassen und erläutern:
- Mit der Wahl des kontinuierlichem Autofokus und der dynamischen Messfeldsteuerung d9 haben Sie den Fokus der D600 optimal für Freihand-Schüsse eingerichtet.
- Durch die Belegung der AE-L/AF-L-Taste mit der Autofokus-Funktion stellt die D600 nun nicht mehr scharf, wenn Sie den Auslöser halb durchdrücken. Der Autofokus wird ab jetzt ausschließlich durch die AE-L/AF-L-Taste aktiviert!

Und wo liegen die Vorteile dieses Setups? Mit nur **einer** Taste steuern Sie **alle drei** Fokus-Arten auf einmal:
- Drücken Sie die AE-L/AF-L-Taste nicht, können/müssen Sie manuell fokussieren.
- Drücken Sie die AE-L/AF-L-Taste bis zur Fokussierung und lassen sie dann los, benutzen Sie den Einzelautofokus.
- Drücken Sie die AE-L/AF-L-Taste und halten diese gedrückt, arbeiten Sie mit dem kontinuierlichen Autofokus.

Sobald Sie sich an die neue Fokussiermethode gewöhnt haben, sind Sie mit dem von mir empfohlenen Fokus-Setup für nahezu jedes Motiv perfekt vorbereitet. Insbesondere auch dann, wenn es schnell gehen muss.

Probieren Sie die Sache in Ruhe aus. Geben Sie dem neuen Setup genug Zeit, bis Sie sich daran gewöhnt haben - man muss sich daran gewöhnen! Denken Sie besonders anfangs immer daran, dass die D600 nun nicht mehr bei halb gedrücktem Auslöser scharf stellt, sondern nur noch über die AE-L/AF-L-Taste. Wenn der Eingewöhnungsvorgang abgeschlossen ist, werden Sie feststellen: So flexibel, schnell und sicher konnten Sie den Autofokus noch nie handhaben. Sehr viele Profis arbeiten so, und sie wissen warum. Ich denke, auch Sie werden sehr bald begeistert sein.

Richtig Belichten

▶ ISO 100, 45mm, f/8, 1/250s
▷ AF-S Nikkor 24-70mm 1:2.8G ED

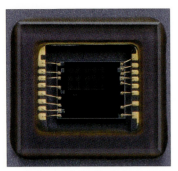

Der RGB-Belichtungsmesssensor der D600.

Richtig Belichten

Die D600 hat ein modernes und leistungsfähiges Belichtungsmesssystem, das sich auf einen 2.016-Pixel-RGB-Sensor stützt. Zur Ermittlung der passenden Belichtung arbeitet die Kamera mit der Offenblendmessung; die Belichtungsmessung wird TTL (through the lens; durch das Objektiv) vorgenommen. Die Blende ist dabei unabhängig von der gewählten Arbeitsblende vollständig geöffnet, sodass dem Belichtungsmesssystem stets die größtmögliche Lichtmenge zur Analyse des Umgebungslichts zur Verfügung steht.

Die weitere Verarbeitung der Messdaten hängt davon ab, welches Objektiv Sie verwenden. Handelt es sich um ein G- oder D-Objektiv mit eigener Prozessoreinheit (CPU), kann die 3D-Color-Matrixmessung II zum Einsatz kommen, die die genaueste und ausgefeilteste Methode darstellt. Dabei werden neben den gemessenen Lichtwerten auch die Entfernung zum Motiv sowie dessen Farbe(n) als Berechnungsgrundlage herangezogen. Verwenden Sie hingegen ein Objektiv ohne CPU, und haben Sie dessen Daten manuell in die Kamera eingegeben, steht die zweitbeste Option (fast) gleichen Namens zur Verfügung: Die Color-Matrixmessung II. Das „3D" in der Bezeichnung fällt weg, da die Kamera die Entfernung zum Motiv nicht berücksichtigen kann.

Wie Sie vielleicht wissen, sind in einer modernen Spiegelreflex wie der D600 einige Tausend Referenzbilder hinterlegt, die die Kamera mit dem gerade anvisierten Motiv vergleicht, um so zur bestmöglichen Belichtung zu gelangen. Das „Advanced Scene Recognition System", so die Bezeichnung der Methode, vergleicht dabei die Daten der hinterlegten Referenzbilder mit dem, was sie gerade „sieht", und wählt das passendste Referenzbild aus. Das funktioniert ausgezeichnet und ist kein Vergleich zu den schlichteren Methoden, mit denen man bis vor einigen Jahren auskommen musste.

Wie bereits gesagt: Sie verfügen mit dem Belichtungsmesssystem der D600 über eines der leistungsfähigsten seiner Art. Doch eines kann auch die aktuelle Belichtungsmessung nicht, und es wird aller Voraussicht nach auch nie eine existieren, die es vermag: Zu wissen, auf welchen Teil des gesamten Bildausschnitts es Ihnen besonders ankommt; welches der bildwichtige Bereich des Motivs ist. Das müssen immer noch Sie, also der Fotograf, entscheiden, und alles andere wäre ja auch unsinnig.

Auch bei der D600 muss man sich also, je nach Motiv, für die passende Belichtungsmessmethode entscheiden, um der Kamera einen Hinweis darauf zu geben, worauf es Ihnen besonders ankommt. Auch bei dieser Kamera kommt man nicht umhin, die Belichtung im Bedarfsfall manuell zu beeinflussen, um ein optimales Ergebnis zu erzielen. Für beides stehen Ihnen diverse Möglichkeiten und Techniken zur Verfügung, die ich Ihnen auf den nachfolgenden Seiten gerne vorstellen möchte. Wieder versehen mit dem klaren Hinweis: Es sind Empfehlungen, die auf meinen Erfahrungen beruhen, und ich bitte Sie, diese auszuprobieren. Es handelt sich aber keineswegs um starre Anleitungen, denen Sie um jeden Preis folgen müssen.

Die Lichtsituation in diesem Hotelzimmer erwies sich als sehr schwierig. Mit dem entsprechenden Wissen und ein paar Tricks war die Aufnahme dennoch schnell im Kasten.

Belichtungsmessmethoden

Die D600 verfügt, wie die meisten anderen DSLRs auch, über drei grundsätzliche Belichtungsmessmethoden: Die Matrixmessung, die mittenbetonte Messung und die Spotmessung. Jede dieser Messarten lässt sich beeinflussen und anpassen. Die gewünschte Messmethode wird über die kleine Taste in der Nähe des Auslösers bei gleichzeitiger Betätigung des hinteren Einstellrads ausgewählt. Sehen wir uns die Vor- und Nachteile der einzelnen Methoden an.

Richtig Belichten

Matrixmessung

Diese Messmethode wird auch als Mehrfeldmessung bezeichnet. Sie ist in Zusammenarbeit mit dem RGB-Sensor der D600 für eine Vielzahl an Motiven einsetzbar. Die Kamera misst die Belichtung an sehr vielen Stellen, die nahezu über das gesamte Bildfeld verteilt sind. Dazu zieht sie neben den hinterlegten Referenzbildern auch die Tonwertverteilung, die Farben und (bei Objektiven mit CPU) die Entfernung zum Motiv für die Berechnungen heran.

Mit der D600 arbeite ich zu einem hohen Prozentsatz mit der Matrixmessung, da sie leistungsfähig und zuverlässig ist. Probieren Sie es bitte selbst aus; sie ist sehr viel besser als das, was Sie vielleicht bislang von der Matrixmessung einer älteren Kamera gewohnt waren. Aber, und das ist wichtig: Manchmal arbeitet sie in einigen Teilbereichen möglicherweise anders, als Sie es bislang kennen, und darauf müssen Sie sich einstellen. Nachfolgend ein Beispiel für die Besonderheit der Matrixmessung mit der D600.

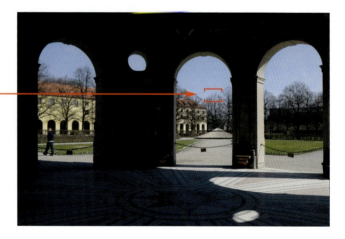

Für die Belichtungsmessung ein trickreiches Motiv: Dem hellen Hintergrund steht ein sehr dunkler Vordergrund gegenüber. Der Pfeil weist auf das zum Zeitpunkt der Aufnahme aktive Fokusmessfeld.

Vorsicht Falle!

Haben Sie sich die beiden Fotos auf dieser Doppelseite schon angesehen, und haben Sie eine Idee, warum deren Belichtung leicht unterschiedlich ist, obwohl ich nicht eingegriffen habe? Achten Sie bitte auf den roten Rahmen im jeweiligen Foto. Dieser simuliert den Fokuspunkt, der bei der Aufnahme benutzt wurde. Während er beim Foto auf dieser Seite nur die Bäume im Hintergrund erfasst, liegt er beim

Richtig Belichten

Dasselbe Motiv, nur einen Augenblick später aufgenommen. An der Belichtungsmessmethode wurde nichts verändert. Dennoch ein (etwas) anderes Ergebnis. Warum? Betrachten Sie erneut das Fokusmessfeld.

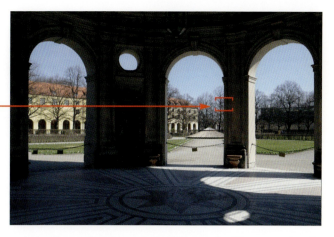

zweiten Foto teilweise auf den Bäumen im Hintergrund, teils aber auch auf der Säule im mittleren Bildbereich. Eine unbedeutende Verschiebung des Fokusmessfelds, aber das Endergebnis unterscheidet sich sichtbar!

Der Grund, den Sie sich jetzt vielleicht schon zusammenreimen können: Die D600 bezieht in ihre Belichtungsberechnung auch den/die Fokuspunkt(e) anteilig mit ein. Sie geht dabei davon aus, dass es der Bereich um den Fokuspunkt ist, der Ihnen im Bildausschnitt am wichtigsten ist, und passt die Belichtung etwas an. Ganz ehrlich: Nicht jeder Fotograf findet das optimal. Wenn man einen Bildausschnitt bestimmt, die Belichtung festlegt (und gegebenenfalls manuell nachkorrigiert), aber das Endergebnis durch eine minimale Verschiebung der Kamera dann doch nicht so ist, wie erwartet, kann das ärgerlich sein.

Dieses Verhalten der Kamera lässt sich nicht abschalten oder beeinflussen, das sollten Sie im Hinterkopf behalten. Und genau wegen dieses Fakts habe ich aus der Not eine Tugend gemacht: Ich überlege, wenn ich mit der Matrixmessung fotografiere, immer (auch) sehr genau, welchen Fokuspunkt ich wähle. Da ich weiß, dass dies die Belichtung beeinflusst, kann ich durch die richtige Wahl des Fokuspunktes auch gleich die Belichtung in die optimale Richtung lenken. Das erfordert zwar etwas Übung, zugegeben, aber es ist längst nicht so schwer wie es sich hier liest. Mein Rat: Nehmen Sie sich Zeit für einen „Matrixbelichtungsmessungs-Fokuspunkt-Experimentier-Nachmittag" (tolles Wortkonstrukt, oder?). So bekommen Sie schnell ein Gefühl dafür, wie die Wahl des Fokuspunktes die Matrixmessung beeinflusst. Und sehr bald werden Sie mit mir einer Meinung sein, dass dieses Verhalten der Kamera kein Fehlverhalten, sondern eine Bereicherung ist - an die man sich allerdings erst gewöhnen muss, zugegeben.

Mittenbetonte Messung

Bei dieser Messmethode misst die D600 die Belichtung zwar auch an vielen verschiedenen Stellen im Bildausschnitt, aber die Bildmitte wird dabei stärker gewichtet, so wie es die Bezeichnung schon vermuten lässt. In Fällen, in denen die Matrixmessung nicht zum gewünschten Ergebnis führt, kann die mittenbetonte Messung daher erfolgversprechender sein. Hier ein typisches Beispiel:

Liegt der bildwichtige Teil des Motivs (ungefähr) in der Mitte des Bildausschnitts, kann die mittenbetonte Messung zu guten Ergebnissen führen.

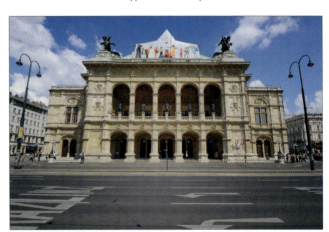

An diesem Tag in Wien hat die Sonne recht stark „gebrannt", sodass die Helligkeit des Himmels ausreichte, die Matrixmessung so stark in die Irre zu führen, dass der erste Versuch zu dunkel geraten ist. Da der bildwichtige Teil des Motivs ziemlich mittig angeordnet ist, habe ich gar nicht lange mit der Belichtungskorrektur (dazu gleich mehr) oder anderen Hilfsmitteln experimentiert. Kurz umgeschaltet auf mittenbetont, und alles war perfekt.

Diese Belichtungsmessmethode empfiehlt sich also immer dann, wenn unwichtige Bildteile am Rand das Motiv so stark beeinflussen, dass die Matrixmessung fehlgeleitet wird. Sie können die mittenbetonte Messung trotz ihres Namens übrigens auch dann einsetzen, wenn der bildwichtige Teil jenseits der Bildmitte liegt: Messen Sie den Bildbereich, auf den es ankommt, mittig an, indem Sie den Auslöser halb durchdrücken, und speichern Sie dann temporär die Belichtung (wie Sie diese speichern, hängt davon ab, welche Taste Sie dazu konfiguriert haben). Nun können Sie das Bild wie gewünscht komponieren und auslösen. Mit etwas Übung geschieht das übrigens viel schneller als es sich hier liest.

Sie können die mittenbetonte Messung auf Wunsch auch anpassen. Der Bereich, den die Kamera dabei höher gewichtet, lässt sich mit der Individualfunktion b4 von den standardmäßigen 12 Millimetern auch auf 8, 15 oder 20 Millimeter ändern. Dies ist allerdings nur bei Objektiven mit CPU möglich; bei solchen ohne wird stets mit 12 Millimetern Durchmesser gemessen. Darüber hinaus kann die mittenbetonte Messung für Objektive mit und ohne CPU auch zur Integralmessung umfunktioniert werden. Die Gewichtung ist dann in der unteren Bildhälfte und im Zentrum stärker als in den oberen Bildbereichen und am Rand, um die Auswirkung eines hellen Himmels gering zu halten. Diese Messmethode ist schon recht betagt und wird heute kaum noch verwendet. Das muss aber nichts bedeuten: Wenn Sie mit einem anderen Durchmesser als 12 Millimetern oder der Integralmessung besser zurecht kommen als mit der Voreinstellung, dann spricht nichts dagegen, auch damit zu arbeiten.

Spotmessung
Hierbei wird nur ein sehr kleiner Teil des Fotos, genauer ein vier Millimeter großer Kreis, der nur etwa 1,5 Prozent des gesamten Fotos ausmacht, gemessen. Das ist die Methode für sehr schwierige Fälle, in denen man anders nicht zum Ziel kommt. Ich sage immer: Bitte immer nur dann verwenden, wenn es wirklich gar nicht anders geht. Warum? In den Händen eines sehr erfahrenen Fotografen kann die Spotmessung ein wertvolles Werkzeug sein. 95 Prozent allen Besitzern einer DSLR - damit will ich deren Fähigkeiten in keiner Weise herabsetzen - rate ich jedoch von der Verwendung ab, weil die Spotmessung sehr mit Vorsicht zu genießen und zudem nicht einfach zu handhaben ist. Bei der Spotmessung sitzt der Belichtungsmesspunkt stets in der Mitte des aktiven Autofokus-Messfelds. Das bedeutet, dass die

Spotmessung und das aktive Autofokusfeld „verheiratet" sind - eins bekommen Sie nicht ohne das andere. Deshalb kann man auch recht schnell etwas falsch machen, weil entweder die Belichtung oder der Fokus nicht so reagieren, wie man sich das gewünscht hat. Es ist daher keine Schande zu gestehen, dass man die Spotmessung nicht oder nur sehr selten einsetzt. Ich oute mich: Bei mir ist das so. Ich komme mit der zwangsweisen Kopplung von Fokus- und Belichtungsmessfeld nicht besonders gut zurecht, sodass ich bei solch kniffligen Fällen wie dem unten gezeigten Foto lieber manuell belichte. So kann ich mir den Fokus und die Belichtung getrennt voneinander dahin legen, wo ich möchte. Das ist eine persönliche Sichtweise, das gebe ich zu. Versuchen Sie herauszufinden, womit Sie besser zurecht kommen.

Ein goldglänzender Johann Strauss im Gegenlicht – die automatischen Messmethoden waren überfordert. Mit manuellen Einstellungen war ich deshalb schneller am Ziel.

Der Belichtungsmessung unter die Arme greifen

Trotz der Tatsache, dass die D600 über sehr ausgefeilte Belichtungsmessmethoden verfügt, werden Sie bestimmt auch schon festgestellt haben, dass das Ergebnis nicht immer genau dem entspricht, was Sie sich vorgestellt haben. Eine mögliche Ursache habe ich schon erwähnt: Den Fokuspunkt. Doch auch ohne diesen „Störenfried" ist es manchmal notwendig, manuell einzugreifen, um zum Ziel zu kommen.

Eine einfach durchzuführende Methode besteht in der Belichtungskompensation. Dazu drücken Sie die Plus- / Minus-Taste neben dem Auslöser und stellen mit dem hinteren Einstellrad den passenden Wert ein. Ich bin der Meinung, dass

Richtig Belichten

dies für die ganz große Mehrheit der Motive mit der D600 die effektivste und schnellste Methode ist, um optimale Ergebnisse zu erzielen: Matrixmessung plus Belichtungskompensation (falls notwendig).

Wenn Sie gerne und oft mit der Belichtungskompensation arbeiten, dann geht das übrigens schneller als in der Werkseinstellung, wenn Sie die Individualfunktion b3 entsprechend konfigurieren. Sie können einstellen, dass der einfache Dreh am vorderen (P, S) oder hinteren (A) Einstellrad ausreicht, um eine Kompensation vorzunehmen, ohne dass Sie dazu die Plus- / Minus-Taste drücken müssen.

Die Belichtung penibel kontrollieren

Wie kontrollieren Sie vor Ort, ob eine Aufnahme korrekt belichtet ist? Hand aufs Herz: Gehören Sie auch zu denen, die sich die Aufnahme kurz auf dem Display ansehen und dann entscheiden: Passt- oder passt nicht? Falls dem so ist, dann sollten Sie Ihre Art der Bildkontrolle ändern oder zumindest etwas erweitern. Im Kapitel über die Wiedergabeeinstellungen habe ich Ihnen geraten, im Kameramenü die Darstellung der Lichter und des Histogramms zu aktivieren.

An diesem „Schnellschuss" aus meinem Bürofenster lässt sich gut erkennen, dass die Lichter-Anzeige überbelichtete Bereiche schnell zutage fördert (hier rot eingefärbt).

Dies möchte ich an dieser Stelle nochmals betonen: Sehen Sie sich auf jeden Fall das Histogramm an. Schnell lassen sich hier Dinge erkennen, die sich bei der bloßen visuellen Kontrolle eines Fotos nicht offenbaren. Gleiches gilt für die Lichter, die Sie sich ebenfalls anzeigen lassen sollten, denn leicht hat man bei der normalen Betrachtung eines Fotos ausgerissene Lichter übersehen. Das lässt sich vor Ort durch eine neue Aufnahme korrigieren, aber eine spätere Wiederherstellung per Bildbearbeitung ist sehr viel aufwändiger.

Ein Histogramm zu lesen, ist nicht weiter schwer. Links ist das Foto zu dunkel, in der Mitte ist die Belichtung recht ausgewogen und rechts deutlich zu hell.

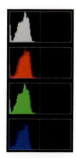 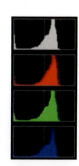 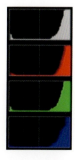

209

Richtig Belichten

Auch wenn eine Kamera wie die D600 ausgezeichnete Halb- und Vollautomatiken zur Verfügung stellt, bin ich häufiger manuell unterwegs, weil diese Art der Fotografie mir immer noch den meisten Spaß bereitet.

Manuell belichten

Vor einiger Zeit fragte mich ein Bekannter, warum moderne Digitalkameras überhaupt noch eine manuelle Belichtungsmöglichkeit haben, da deren Belichtungsautomatiken doch so ausgezeichnet funktionieren und, falls nötig, weitreichende Korrekturmaßnahmen anbieten. Um es kurz zu machen: Ich konnte meinen Bekannten ziemlich rasch davon überzeugen, dass der manuelle Belichtungsmodus keineswegs obsolet ist. Deshalb möchte ich auch Sie dafür begeistern, ab und zu die Automatiken - und seien sie auch noch so ausgereift wie bei der D600 - einfach mal abzuschalten.

Mein Argument Nummer eins: **Einfachheit**. Sehen Sie sich bitte Ihre D600 einmal an; wie viele Knöpfe, Schalter, Regler und sonstige Einstellmöglichkeiten es allein für die Belichtungssteuerung gibt. Es sind sehr, sehr viele, da werden Sie mit mir übereinstimmen. Und bei der manuellen Belichtung? Da sind es genau zwei: Blende und Belichtungszeit. OK, fairerweise muss man auch die ISO-Empfindlichkeit hinzuzählen, also kommen wir auf drei Parameter, aus denen sich die Belichtung zusammensetzt. Und deshalb müssen Sie auch nur über drei Dinge nachdenken.

Argument zwei: Ruhe und **Gelassenheit**. Klingt komisch? Keineswegs. Wenn Sie manuell fotografieren, stellt sich nahezu von selbst ein ganz anderes, ruhigeres Tempo ein. Man muss überlegen, ausprobieren, sich über das Motiv, die Lichtverhältnisse und die beabsichtigte Bildwirkung Gedanken machen. Ganz nebenbei lernt man - oder erinnert man sich wieder - an die Grundlagen der Fotografie. „Back to the roots", um es mit einem Anglizismus auszudrücken.

Argument drei: **Konstanz**. Sie wissen, dass es oftmals nur wenig bedarf, um eine der Automatiken nicht (mehr) so reagieren zu lassen, wie Sie das möchten. Die Gründe dafür und die wichtigsten Maßnahmen dagegen habe ich Ihnen bereits dargelegt. Wenn Sie aber über die Aufnahmeparameter ganz alleine bestimmen, dann bleiben diese auch so, wie Sie sie eingestellt haben. Nichts kann und wird sich also unerwartet verändern. Deshalb muss man natürlich auch nichts nachregeln, anpassen oder neu einstellen, weil die Kamera nicht in die Belichtung einzugreifen versucht.

Richtig Belichten

Argument vier: **Kreativität**. Eine Automatik wird immer versuchen, ein möglichst ausgeglichenes Foto zu schaffen. Erscheint ihr etwas zu hell, wird sie die Belichtung herunterregeln. Erscheint ihr etwas zu dunkel, tut sie genau das Gegenteil. Das ist die Aufgabe der Automatik, weshalb es daran auch nichts zu kritisieren gibt; insbesondere deshalb nicht, weil die D600 diese Aufgabe ganz besonders gut erfüllt. Was aber, wenn Sie den Himmel dunkler haben möchten, als es richtig wäre, weil dies dem Foto eine tolle Stimmung geben würde? Dann müssen Sie so lange korrigierend in die Automatik eingreifen, bis die gewünschte Anmutung erreicht ist, was aber oft eine Weile in Anspruch nimmt. Fotografieren Sie hingegen manuell, können Sie das Foto von Anfang an in die richtige Richtung „drehen"; jegliche Korrekturarbeit entfällt komplett.

Argument fünf: **Schnelligkeit**. Bitte? Eben habe ich noch von Gelassenheit gesprochen, und nun argumentiere ich mit Schnelligkeit? Das ist kein Widerspruch, denn: Wenn Sie bei einer Fotoserie einmal die Parameter manuell passend eingestellt haben, können Sie sich ganz aufs Fotografieren konzentrieren, weil Sie ja nichts nachregeln oder neu einstellen müssen. Manuell kann also durchaus auch ein Turbo sein.

Aber Achtung: Möchten Sie auf die beschriebene Art „richtig" manuell fotografieren, dann muss die ISO-Automatik unbedingt abgeschaltet sein! Denn auch wenn Sie manuell belichten, ist der Belichtungsmesser der D600 weiter aktiv. Ist dabei auch die ISO-Automatik aktiviert, dann versucht die Kamera trotz manueller Belichtung ihre Aufgabe zu erfüllen: Durch entsprechende Regelung der ISO-Empfindlichkeit will sie die Belichtung „nach bestem Wissen und Gewissen" anpassen, was die konstanten Ergebnisse aber wieder zunichte macht.

Dass es auf der anderen Seite sehr wohl Spaß machen kann, mit manuellen Einstellungen zu experimentieren, während die ISO-Automatik ganz bewusst eingeschaltet ist, habe ich Ihnen im Kapitel „Klassische Aufnahmemodi" bereits gezeigt. Das ist aber eine völlig andere Geschichte, die sich zwar als Foto-Lehrmeister sehr gut eignet, mit echtem manuellen Fotografieren aber nicht gleichzusetzen ist.

Belichtungsreihen (Bracketing)

Bei einer Belichtungsreihe, engl. „Bracketing", variiert die Kamera zwei oder drei Aufnahmen in der Belichtung. Anschließend kann man sich das beste Ergebnis aussuchen. Zu dieser Belichtungstechnik gibt es höchst unterschiedliche Meinungen. „Alte Hasen" sind oftmals der Meinung, dass Belichtungsreihen überflüssig sind, weil ein guter Fotograf auch mit einem einzelnen Schuss die Belichtung richtig treffen können sollte. Andere sehen das nach dem Motto „Nur das Ergebnis zählt" etwas lockerer, und befürworten Belichtungsreihen als legitimes Mittel.

Ich persönlich stehe irgendwo dazwischen. Auf den vorherigen Seiten habe ich detailliert beschrieben, wann welche Belichtungsmethode die besten Erfolgsaussichten verspricht. Ich halte es für absolut sinnvoll, viel Mühe auf die Belichtung zu verwenden. Prinzipiell denke ich daher wie die „alten Hasen". Doch manchmal ist die Situation so vertrackt, dass man auch mit viel Mühe nicht hundertprozentig zum perfekten Ergebnis kommt. Wenn dann noch ein Faktor auf den Plan tritt, den Sie als Fotograf nicht beeinflussen können, ist es angebracht, eine Belichtungsreihe zu schießen. Der Faktor heißt „Keine Zeit für Experimente".

Die D600 ist (auch) hinsichtlich der Bracketing-Funktion sehr üppig ausgestattet. Sie kann nicht nur die normale Belichtung variieren, sondern auch die Belichtung mit Blitz, die Blitzleistung allein, den Weißabgleich und die Stärke des Active D-Lighting. Welche dieser Varianten Sie einsetzen sollten, hängt natürlich von der Aufnahmesituation und Ihrem Vorhaben ab. Die Arbeitsweise ist mit allen Bracketing-Arten nahezu identisch, sodass ich sie nur einmal, am Beispiel der „Belichtung & Blitz"-Reihe, erklären möchte.

Zur Aktivierung betätigen Sie die kleine „BKT"-Taste, die sich vorne am Gehäuse, in der Nähe der Modellbezeichnung, befindet und halten diese gedrückt. Welche Variante der Bracketing-Funktion nun erscheint, hängt davon ab, welche Einstellung Sie bei der Individualfunktion e6 vorgenommen haben. Diese Wahl müssen Sie bereits im Voraus getroffen haben.

Richtig Belichten

Mit dem hinteren Einstellrad bestimmen Sie (bei gedrückter „BKT"-Taste) die Anzahl der Aufnahmen. Dabei haben Sie drei Möglichkeiten (jeweils links abgebildet): „3F" bedeutet, dass die D600 drei Aufnahmen schießt. Die erste mit normaler Belichtung, die zweite mit Unterbelichtung und die dritte mit Überbelichtung. Bei „+2F" wird ein Foto mit einer normalen Belichtung sowie eines mit Überbelichtung geschossen; „--2F" hingegen schießt ein normal belichtetes Foto sowie ein unterbelichtetes. Welche Belichtungsvarianten geschossen werden, wird zusätzlich durch zwei oder drei Markierungen am unteren Rand der Skala angezeigt.

Mit dem vorderen Einstellrad bestimmen Sie, ebenfalls bei gedrückt gehaltener „BKT"-Taste, nun noch die Schrittweite der unterschiedlichen Belichtungen. Dazu steht Ihnen eine Spanne zwischen 0,3 und 3,0 Blendenstufen zur Verfügung.

An dieser Stelle ein kurzer Querverweis: Die Schrittweite der Belichtungssteuerung haben Sie mit der Individualfunktion b2 festgelegt; dies gilt auch beim Bracketing. In welcher Reihenfolge die unterschiedlichen Belichtungen geschossen werden, bestimmt die Individualfunktion e7 „BKT"-Reihenfolge.

Nachdem die Voreinstellungen getroffen sind, können Sie die Aufnahmen schießen; die Kamera variiert die Belichtung automatisch nach Ihren Vorgaben. Im oben liegenden Informationsdisplay wird der Bracketing-Vorgang angezeigt, wie links dargestellt: Oben sind noch alle drei Aufnahmen zu schießen, in der Mitte noch die Über- und Unterbelichtung, und unten verbleibt die Überbelichtung.

In der Programmautomatik (P) variiert die D600 Zeit und Blende, bei der Zeitvorwahl (S) die Blende und bei der Blendenvorwahl (A) sowie im manuellen Modus (M) die Zeit, um die unterschiedlichen Belichtungen zu realisieren. Ist die ISO-Automatik aktiviert, regelt die D600 auch die ISO-Empfindlichkeit nach, falls dies erforderlich sein sollte.

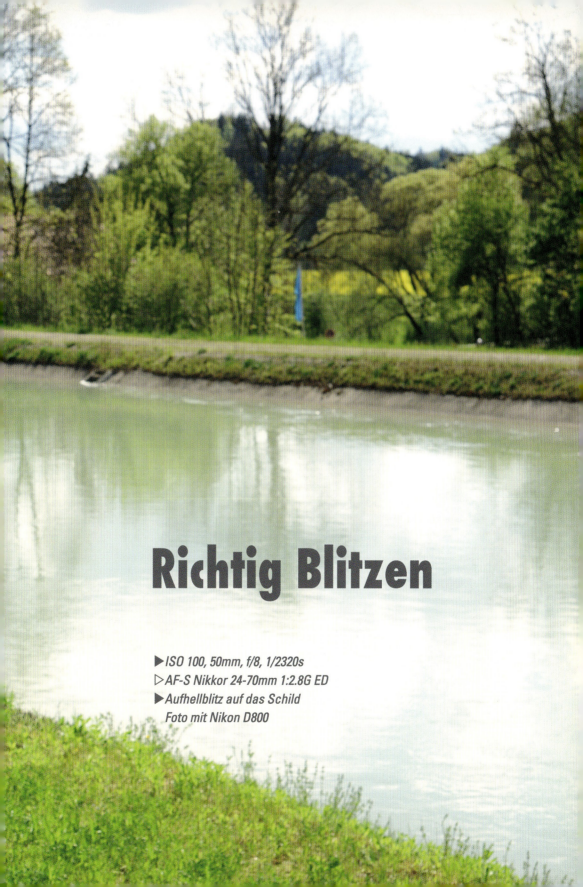

Richtig Blitzen

▶ ISO 100, 50mm, f/8, 1/2320s
▷ AF-S Nikkor 24-70mm 1:2.8G ED
▶ Aufhellblitz auf das Schild
   Foto mit Nikon D800

Richtig Blitzen

„Creative Lighting System" (CLS) hat Nikon sein Blitzsystem getauft. Ich finde den Namen passend, denn dieses Blitzsystem ist leistungsfähig und flexibel und fördert dadurch die Kreativität des Fotografen in hohem Maße. Es gibt vieles zu entdecken, was die Fotografie bereichert und (noch) spannender macht. Allerdings fordert ein komplexes System wie CLS auch einen gewissen Lernaufwand. So verwundert es nicht, dass es zu CLS eigene Fachbücher gibt, die sich nur diesem Blitzsystem widmen.

Hochkomplizierte Setups mit Dutzenden von Blitzen oder Sondermethoden, die nur für wenige Spezialeinsätze interessant wären, lasse ich in diesem Buch außen vor. Einerseits gibt's dafür die oben erwähnte Spezialliteratur; andererseits dreht sich dieses Buch um die D600 und nicht um CLS. Ich habe mich daher bewusst auf einige Kernpunkte beschränkt, die mir im Zusammenspiel von D600 und CLS als besonders wissenswert erscheinen.

Der eingebaute Blitz der D600

Ich bin wirklich sehr glücklich darüber, dass Nikon daran festhält, auch in Spiegelreflexkameras der gehobenen Klasse wie der D600 einen kleinen Blitz einzubauen, der bei Bedarf ausgeklappt werden kann. Schon von manchem SLR-Besitzer, der eine Kamera eines Herstellers besitzt, der auf den Einbau des Blitzes verzichtet, musste ich mir den Kommentar anhören, dass solch ein Mini-Blitz doch gar nichts bringt. Weit gefehlt, behaupte ich, weshalb ich mich auch zunächst dem eingebauten Blitz widmen möchte.

Mit seiner Leitzahl von 12 ist er natürlich kein rekordverdächtiges Kraftpaket. Als Hintergrund: Die Leitzahl des Blitzes geteilt durch die Arbeitsblende des Objektivs ergibt die Blitzreichweite, innerhalb derer ein Motiv ausgeleuchtet werden kann. Anhand eines konkreten Beispiels bedeutet dies: 12 (Leitzahl bei ISO 100) geteilt durch 5,6 (Arbeitsblende) ergibt eine Reichweite von gerade mal 2,1 Metern. Der maximalen Blitzdistanz kann man aber auf die Sprünge helfen, denn eine Vervierfachung der ISO-Empfindlichkeit verdoppelt deren Reichweite. Um beim Beispiel zu bleiben: Bei

ISO 400 wären es also 4,2 Meter (und so weiter). Damit reicht's zwar noch nicht zur Ausleuchtung eines Fußballstadions, für den Aufhellblitz auf kurze Distanz aber allemal. Dazu ein Beispielfoto.

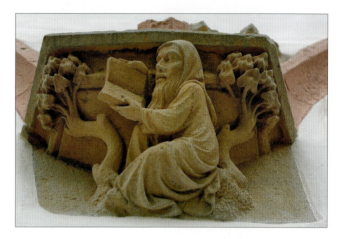

Die kunstvolle Verzierung eines Torbogens wollte ich gerne fotografieren. Die Sonne stand zum Aufnahmezeitpunkt jedoch fast senkrecht am Himmel, sodass die Figur relativ stark abgeschattet war und deren Details kaum zu erkennen waren. Ich hatte keinen Systemblitz dabei, aber das war nicht tragisch: Der interne Blitz hat für die relativ kurze Distanz locker zum Aufhellen ausgereicht, sodass damit ein einwandfrei belichtetes Foto entstand. Tipp: Wenn Sie den internen Blitz benutzen, dann nehmen Sie unbedingt die Sonnenblende des Objektivs ab; ansonsten kann es zu gut sichtbaren Abschattungen kommen.

Zu Demonstrationszwecken habe ich eine weiße Wand meines Büros mit dem internen Blitz geschossen, und dabei die ausladende Sonnenblende meines 24-70/2.8 nicht abgenommen. Das ist das unschöne Ergebnis.

Richtig Blitzen

Zunächst wollte ich gerne die Nützlichkeit des internen Blitzes betonen, weil er meiner Meinung nach von vielen Nikon-Fotografen viel zu selten zum Aufhellen eingesetzt wird. Ich hoffe, das ist mir auch gelungen. Doch der kleine Lichtspender kann noch viel mehr. Er lässt sich nicht nur als automatischer TTL-Aufhellblitz einsetzen, sondern auf Wunsch auch manuell in der Leistung dosieren. Damit ist er auch für schwierigere Aufgaben gerüstet, bei denen die Automatik keine befriedigenden Ergebnisse schaffen kann. Und natürlich auch für besondere Blitzeffekte, die sich ebenfalls nur manuell erzielen lassen.

Für Stroboskopblitze ist der interne Blitz ebenfalls geeignet. Damit ist es beispielsweise möglich, die einzelnen Phasen einer Bewegung in einem einzigen Foto festzuhalten. Die Leistung des Blitzes wird dabei allerdings deutlich reduziert; es funktioniert also nur auf kurze Entfernungen. Leistung, Anzahl und Frequenz lassen sich in weiten Bereichen einstellen. Kleiner Exkurs, wie man beim Stroboskopblitzen die passenden Werte errechnet: Verschlusszeit gleich Blitzzahl durch Frequenz lautet die Formel. Als Beispiel: Vier Blitze mit einer Frequenz von fünf Hertz (4:5 = 0,8) benötigen eine Sekunde Belichtungszeit, die man manuell einstellen muss.

Kommen wir nun zu der Funktion, die ich beim internen Blitz der D600 für die wertvollste halte: Er kann externe Systemblitze drahtlos ansteuern und auslösen, was gemeinhin auch entfesseltes Blitzen genannt wird. Dazu lässt er sich sehr variabel konfigurieren. Zunächst kann man festlegen, ob der interne Blitz nur Steuersignale aussenden soll oder ob er auch mitblitzen muss - im Beispiel auf dem links gezeigten Menüfoto blitzt er selbst nicht mit. Ferner lassen sich zwei Blitzgruppen getrennt steuern und konfigurieren, wobei jede dieser Gruppen mehrere Einzelblitze umfassen kann. Zudem lässt sich einer von vier Kanälen wählen, auf denen die Steuersignale ausgesandt werden sollen. Damit können mehrere Kameras in einem Raum entfesselt blitzen, ohne dass sie sich gegenseitig in die Quere kommen.

Dazu habe ich noch einen Zubehör-Tipp für Sie, den ich persönlich sehr interessant finde: Für rund 15 Euro gibt's den Nikon Infrarotfilter SG-3IR zu kaufen. Dieser ist eigentlich

Richtig Blitzen

Der Infrarotfilter SG-3IR an der D600.

für den SB-R 200 Makroblitz gedacht, aber er lässt sich auch ohne diesen auf dem Blitzschuh der D600 anbringen, wie im nebenstehenden Foto zu sehen ist. Dazu muss man wissen, dass der interne Blitz zur Ansteuerung der externen Blitze ein (für das menschliche Auge unsichtbares) Infrarotsignal aussendet, während normales Blitzlicht ja bekanntlich sehr wohl zu sehen ist. Hat man den internen Blitz in seiner Funktion als Kommandozentrale so konfiguriert, dass er selbst nicht mitblitzen soll (wie im unteren Menüfoto auf der linken Seite dargestellt), dann sendet er dennoch einen winzigen Anteil an sichtbarem Licht (mit) aus, weil dies offensichtlich nicht vollständig unterdrückt werden kann.

Im Einzelfall kann dieses unerwünschte Frontlicht aber störende Reflexionen im Foto verursachen. Setzt man den SG-3IR vor den internen Blitz wird das sichtbare Licht nun komplett zurückgehalten, sodass nur noch das unsichtbare (und nicht störende) Infrarotlicht passieren kann. Wenn Sie oft entfesselt blitzen und den internen Blitz dabei als Steuergerät einsetzen, ist der Infrarotfilter geradezu ein Muss, zumal er nicht viel kostet.

CLS, iTTL, iTTL-BL, FP – wie bitte?

Kennen Sie diese Abkürzungen? Und wissen Sie auch, was jede einzelne davon bedeutet? Das soll kein Wissenstest werden. Aber es verdeutlicht meiner Ansicht nach recht gut wie komplex Nikons „Creative Lighting"-Blitzsystem (CLS) ist. Viele Amateurfotografen, die ich kenne, steigen daher erst gar nicht tief in CLS ein, sondern beschränken sich darauf, mit dem Systemblitz (zu) dunkle Szenen auszuleuchten.

Es spricht prinzipiell auch gar nichts dagegen dies zu tun, aber Sie sollten es richtig tun. Und: Wenn Sie sich ausschließlich auf diese Funktion beschränken, lassen Sie sehr viele Möglichkeiten leider brach liegen. Auf den nachfolgenden Seiten möchte ich Ihnen nahebringen, wie Sie dem Team aus D600 plus Systemblitz alles entlocken, wozu es befähigt ist. Einige Zusammenhänge gilt es dabei allerdings zu verinnerlichen, denn, wie gesagt, CLS ist komplex. Und dennoch gestaltet sich die Sache viel einfacher, als Sie vielleicht bislang geglaubt haben.

Die D600 und der SB-910 bilden ein hochkarätiges Blitzteam.

Die zweigeteilte Herrschaft über das Licht

Wenn Sie schon mit einer Nikon DSLR plus Systemblitz fotografiert haben, wissen Sie, wie reibungslos und perfekt beide Komponenten zusammenarbeiten. Viele übersehen aber gerade deshalb eine Tatsache, die für das tiefere Verständnis der TTL-Blitzfotografie geradezu essentiell ist: Die DSLR und der Systemblitz arbeiten im iTTL-Modus völlig getrennt voneinander! Viele Besitzer einer DSLR, denen ich das gesagt habe, haben mich verwundert angesehen: „Kamera und Blitz arbeiten bei iTTL getrennt? Das kann doch nicht sein!" Doch, und ich werde es Ihnen mit den nachfolgenden Fotos belegen. Ich entschuldige mich für den etwas hemdsärmeligen „Testaufbau", aber hier kommt es nicht auf die Schönheit, sondern auf die Aussage an.

Blitztestfoto 1
Geschossen im manuellen Modus (M) ohne Blitz. Ich habe dafür gesorgt, dass die Kamera möglichst passend belichtet ist. Der Hintergrund überstrahlt zwar komplett, aber das ist momentan nicht wichtig. Die Aufnahmedaten: ISO 800, f/2,8, 1/40 Sekunde Belichtungszeit.

Blitztestfoto 2
Die Kamera habe ich im manuellen Modus belassen. Die Belichtungszeit wurde auf 1/100 Sekunde verkürzt, die restlichen Parameter sind so geblieben wie zuvor. Ohne Blitz ist jetzt zwar die Jalousie im Hintergrund zu erkennen, aber die Kamera wird natürlich viel zu dunkel abgelichtet.

Blitztestfoto 3
Wieder habe ich die Kamera mit den oben genannten Werten im manuellen Modus betrieben, aber jetzt den SB-910 Systemblitz in der Betriebsart „iTTL" (intelligent Through The Lens; intelligente Messung durch das Objektiv) zugeschaltet und diesen auf die Kamera gerichtet. Was passiert ist deutlich zu sehen: Die Kamera ist sauber belichtet.

Blitztestfoto 4
Jetzt habe ich an der D600, die weiter im manuellen Modus arbeitet, die Belichtungszeit auf 1/200 verkürzt. Die Folge dass die Jalousie nun etwas dunkler erscheint. Aber die Belichtung der Kamera hat sich überhaupt nicht verändert!

Richtig Blitzen

Blitztestfoto 5
Nun habe ich weder am Blitz noch an der Kamera irgend etwas verändert, aber ich habe die Jalousie geöffnet, und damit ein völlig anderes Umgebungslicht herbeigeführt. Trotzdem ist zu sehen, dass die Belichtung der Kamera erneut gleich geblieben ist!

Was man aus diesen Testfotos folgern kann? Eine einfache Regel, die immer dann gilt, wenn Sie in Innenräumen oder einer anderen dunklen Umgebung blitzen: Wenn Sie mit einem Systemblitz im iTTL-Modus fotografieren, wird das, was sich in der Bildmitte befindet, stets korrekt belichtet sein (natürlich nur innerhalb der Reichweite des Blitzes). Denn ausschließlich die Blitzbelichtungsmessung ist für die Belichtung des Vordergrunds zuständig - nicht die Belichtungsmessung der Kamera selbst.

Daraus lässt sich eine zweite Tatsache ableiten: Das Belichtungsmesssystem der Kamera „kümmert" sich bei Blitzfotos in dunklerer Umgebung nur um die Belichtung des Hintergrunds. Wer jetzt aber meint, dies sei ein Nachteil, der irrt gewaltig: Das ist ein riesiger Vorteil, denn so können Sie den Vordergrund und den Hintergrund hinsichtlich der passenden Belichtung getrennt voneinander gestalten.

Der SB-910 glänzt nicht nur durch seine hohe Leistung, sondern auch durch seine einfache Bedienbarkeit. Gleiches gilt auch für seinen „kleinen Bruder" SB-700.

Das funktioniert meiner Erfahrung nach in diesem Fall – also in Innenräumen oder bei anderen dunklen Umgebungen - nur dann reibungslos und ohne Überraschungen, wenn die D600 im manuellen Modus betrieben wird. Alle Halb- und Vollautomatiken werden zwar auch eine mehr oder weniger korrekte Belichtung des Vordergrunds erreichen können, aber es wird viel schwieriger bis unmöglich, eine Kontrolle über die Belichtung des Hintergrunds zu behalten.

Zusammenfassend lässt sich formulieren: Bei Innenraumfotos (oder bei ähnlich dunklen Umgebungslichtverhältnissen) richten Sie die Belichtung für den Hintergrund wie gewünscht ein und benutzen dazu den manuellen Modus. Die Belichtung des Vordergrunds überlassen Sie jedoch dem Blitz, der dazu im iTTL-Modus arbeiten sollte. Sollte der Hintergrund - was ja vorkommen kann - absolut unerheblich sein, ist der manuelle Modus natürlich nicht notwendig.

Richtig Blitzen

Der Zusatz „BL" deutet auf die derzeit fortschrittlichste Blitzbetriebsart der Nikon-Kameras und -Blitze hin.

Die zweigeteilte Herrschaft – jetzt friedlich vereint

Am Beispiel der Kamera haben wir eine Situation durchgespielt, in der sich das Motiv in einer dunklen Umgebung befindet. Nun kommt es aber ebenso häufig vor, dass der Systemblitz in einer hellen oder sogar sehr hellen Umgebung eingesetzt werden muss, etwa um störende Schatten aufzuhellen. Zeit, über die fortschrittlichste Blitzbetriebsart zu sprechen, die jeder aktuelle Nikon-Blitz ebenfalls beherrscht: iTTL-BL; die Abkürzung steht für „intelligent Through The Lens - BaLanced"; also eine intelligente und ausbalancierte Messung durch das Objektiv.

Wichtig ist der Zusatz „Balanced". Jetzt erledigt die D600 im Zusammenspiel mit dem Systemblitz automatisch etwas, was bei dunklem Umgebungslicht nicht passiert: Sie koppelt die Belichtungsmessung aktiv mit der Blitzbelichtungsmessung. Was Sie in dunklen Umgebungen getrennt betrachten (und regeln) sollten, funktioniert in hellen Umgebungen also vollautomatisch. Mit einer Einschränkung: Das Hauptmotiv muss dunkler sein als die Umgebung, denn der Blitz kann Licht hinzugeben, aber keines wegnehmen - logisch.

Nur ein kleiner Tick Blitzlicht war ausreichend um das Hinweisschild leuchten zu lassen. Foto mit der D700.

Um mit iTTL-BL zu blitzen, empfiehlt es sich allerdings nicht, die Kamera im manuellen Modus zu betreiben; eine der Automatiken S, A oder P ist hier die bessere Wahl. Aus einem ganz bestimmten Grund: Die D600 misst zunächst das Umgebungslicht und bestimmt danach (je nach Betriebsart) die Belichtungszeit, die Blende oder beides. Diese Informa-

Richtig Blitzen

tionen sendet sie nun an den Systemblitz. Der Blitz wird daraufhin seine Leistung so regeln, dass das Motiv im späteren Foto die gleiche Helligkeit aufweist wie der Hintergrund. Dieser Ablauf kann logischerweise im manuellen Modus nicht funktionieren, da die Kamera dort weder die Zeit noch die Blende selbständig regeln kann.

Damit das Wohnmobil im Vordergrund nicht zu sehr im Schatten des Gegenlichts „absoff", habe ich den Vordergrund mit wohl dosiertem Blitzlicht etwas aufgehellt. Foto mit der D700.

Bei extrem hellem Umgebungslicht ist es übrigens ratsam, nicht mit der Blendenvorwahl (A) zu fotografieren, sondern die Zeitvorwahl (S) oder den Programmmodus (P) zu bevorzugen. Denn bei der Blendenvorwahl wird die Kamera bei sehr hellem Umgebungslicht versuchen, die Belichtungszeit zu verkürzen, um das Foto nicht überzubelichten. Die zeitliche Untergrenze beim Blitzen wird jedoch durch die kürzeste Blitzsynchronzeit von 1/200 Sekunde gebildet, was je nach Blende nicht kurz genug ist für ein korrekt belichtetes Foto.

Auch für diesen Abschnitt wieder eine Zusammenfassung: Beim Aufhellblitzen in hellen Umgebungen fotografieren Sie im S- oder P-Modus, und wählen iTTL-BL als Blitzbetriebsart. Sofern das Motiv (oder Schatten darauf) dunkler ist als die Umgebung, wird das Foto ausgeglichen belichtet sein.

Blitzbelichtungsmessung nur in der Bildmitte

Kommen wir zu einem weiteren Aspekt der Blitzfotografie, der sowohl für die iTTL- als auch für die iTTL-BL-Blitzbetriebsart Gültigkeit hat: Die Blitzbelichtungsmessung erfolgt immer nur in der Mitte des Bildausschnitts! Auch bei dieser

Richtig Blitzen

Aussage habe ich schon oft in erstaunte Gesichter geblickt. Stellt sich also wieder die Frage, was das für die Blitzfotografie bedeutet. Dass man sein (Blitz-) Motiv immer nur mittig im Bildausschnitt platzieren darf? Keineswegs. Denn so wie sich die Belichtungsmessung temporär speichern lässt, kann man auch die Messung für die Blitzbelichtung kurzzeitig festhalten. Wie ich Ihnen im Kapitel „Individualfunktionen" gezeigt habe, lassen sich bei der D600 die Funktionstaste, die Abblendtaste sowie die AE-L/AF-L-Taste nach Wunsch mit einer Funktion belegen; unter den verfügbaren Funktionen aller drei Tasten befindet sich auch die Option „Blitzbelichtungsspeicher".

Falls Sie also häufiger mit Blitz arbeiten, ist es sicher keine schlechte Idee, den Blitzbelichtungsspeicher auf eine dieser Tasten zu legen, denn damit gestaltet sich die Sache sehr einfach. Möchten Sie ein Blitzfoto eines Motivs schießen, das nicht in der Bildmitte liegt, gehen Sie wie folgt vor: Visieren Sie das Motiv mittig an, und drücken Sie dann die Taste, die Sie mit der Blitzbelichtungsspeicherung belegt haben. Der Blitz sendet daraufhin sichtbar seine Messblitze aus. Die Blitzbelichtung ist jetzt gespeichert, was durch ein Blitzsymbol mit nebenstehendem „L", wie im Bildschirmfoto links unten zu sehen, im Sucher und auf der rückseitigen Informationsanzeige dargestellt wird. Jetzt können Sie den Bildausschnitt bestimmen, fokussieren und schlussendlich das Foto schießen - die Blitzbelichtung sitzt.

Die Blitzbelichtungsspeicherung ist auch dann ein sehr wertvolles Hilfsmittel, wenn man mehrere Blitzfotos gleicher Belichtung hintereinander schießen möchte, wie es zum Beispiel bei Aufnahmen von Personengruppen vorkommt. Eine Person hat fast immer die Augen geschlossen; bei einer Serie von Fotos steigt hingegen die Chance, dass auch eine Aufnahme dabei ist, auf der alle Personen die Augen geöffnet haben. Die Blitzbelichtungsspeicherung bleibt übrigens so lange erhalten, bis man entweder ein zweites Mal die entsprechende Taste drückt, die Kamera ausschaltet – oder wenn der Belichtungsmesser der D600 sich abschaltet. Es ist daher kein Fehler, die Abschaltzeit des Belichtungsmessers bei Blitzfotos zu verlängern, auch wenn dies den Akku schneller verbraucht. Denken Sie nur bitte daran, die Abschaltzeit später auch wieder kürzer einzustellen.

Richtig Blitzen

Blitzbelichtungskorrektur ist die Regel

Auch wenn Sie die von mir vorgeschlagenen Einstellungen in der jeweiligen Situation anwenden, werden Sie oftmals feststellen, dass das Hauptmotiv – welches vom Blitz beleuchtet oder aufgehellt wird – im Bild als zu hell erscheint. Doch warum ist das so, wenn man doch alle Einstellungen sorgfältig und korrekt vorgenommen hat? Dazu wieder ein Bildbeispiel, das Sie schon als Aufmacherfoto für dieses Kapitel gesehen haben.

Der erste Versuch des Aufhellblitzens ging leicht daneben. Das Schild hat deutlich zuviel Licht abbekommen.

Ich wollte den Isarkanal fotografieren und dabei das Schild in einer Ecke des Bildausschnitts platzieren. Die Sonne stand ziemlich steil am Himmel, sodass die Schatten entsprechend hart waren. Also den Systemblitz aufgesteckt, um das Schild mit iTTL-BL aufzuhellen. Doch das Ergebnis (oberes Foto) hat mir nicht gefallen: Das Schild war viel zu stark

Mit einem in der Leistung zurückgenommenem Aufhellblitz sieht die Sache im wahrsten Sinne des Wortes schon ganz anders aus.

Richtig Blitzen

aufgehellt, wodurch es „flach" aussieht. Deshalb habe ich die Blitztaste gedrückt, um die Blitzbelichtungskompensation zu aktivieren, und mit dem vorderen Einstellrad einen Wert von -1,0 eingestellt. Jetzt ist die Aufhellung nicht mehr so stark (unteres Foto); die Aufnahme wirkt natürlich, weil man den Aufhellblitz gar nicht bemerkt.

Haben Kamera oder Blitz hier etwas falsch gemacht? Nein, ganz im Gegenteil: Im oberen (zu hellen) Foto hat der Aufhellblitz das Schild perfekt an die Umgebungshelligkeit angepasst. Das Problem ist, dass dies von unseren Augen oftmals als unnatürlich empfunden wird. Deshalb muss man den Aufhellblitz stets so fein dosieren, dass gar nicht erkennbar ist, dass überhaupt geblitzt wurde - dann bleibt der natürliche Eindruck erhalten. Wundern Sie sich also nicht, wenn Sie sowohl bei Innenaufnahmen mit iTLL als auch bei Außenaufnahmen mit iTTL-BL sehr oft eine (meist negative) Blitzbelichtungskorrektur anwenden müssen. Daher ist bei Blitzfotos eine Korrektur die Regel, nicht die Ausnahme.

Focal Plane Synchronisation (FP)

Die Blitzsynchronzeit ist die kürzeste Belichtungszeit, mit der eine Kamera Blitzfotos schießen kann. Das hängt folgendermaßen zusammen: Der erste Verschlussvorhang des Schlitzverschlusses der D600 wird geöffnet. Sobald der Sensor komplett offen liegt, wird der Blitz abgefeuert, woraufhin der zweite Verschlussvorhang den Sensor wieder verdeckt. Der kritische Punkt: Die Leuchtdauer eines Blitzes ist erheblich kürzer als die Geschwindigkeit des Verschlusses. Deshalb darf der Blitz also erst dann feuern, wenn der erste Vorhang den Sensor bereits vollständig freigegeben hat und muss fertig geblitzt haben, bevor der zweite Vorhang den Sensor wieder (teilweise) verdeckt.

Würde der Blitz abgefeuert, während der erste Verschlussvorhang den Sensor noch (teilweise) verdeckt, oder der zweite Vorhang den Sensor schon wieder (teilweise) bedeckt, wird das Foto in Teilen schwarz, wie links zu sehen. Die Blitzsynchronzeit der D600 beträgt 1/200 Sekunde oder länger. Nikon hat der Kamera jedoch eine besondere Variante der Blitzsynchronzeit spendiert, die mit dem Zusatz „FP"

Richtig Blitzen

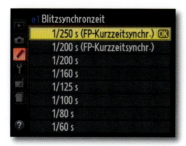

versehen ist. Die D600 hat gleich zwei davon: 1/200s FP und 1/250s FP, wie links zu sehen. Was genau hat es damit auf sich? Die vollständige englische Bezeichnung lautet „Auto FP High Speed Sync" („FP" steht dabei für „focal plane", Schlitzverschluss), was übersetzt also „automatische Hochgeschwindigkeitssynchronisation des Schlitzverschlusses" bedeutet. Damit sind wir schon dicht an der Lösung: Höhere Geschwindigkeiten bei der Blitzsynchronisation und eine Automatik, die dies steuert.

Doch wozu brauche ich die höheren Geschwindigkeiten? FP-Synchronisation ist immer dann eine sehr hilfreiche Angelegenheit, wenn Sie beim Aufhellen von Tageslichtfotos kürzere Belichtungszeiten oder eine offenere Blende benötigen, als dies mit 1/200 Sekunde machbar ist. Für Tageslicht-Porträts in hellem Sonnenlicht zum Beispiel fotografiere ich gerne mit 1/1.000 Sekunde Belichtungszeit (oder kürzer), weil dies erstens Bewegungsunschärfen verhindert und zweitens trotz der hohen Umgebungshelligkeit eine möglichst offene Blende ermöglicht. Möchte ich dabei allerdings auch einen Aufhellblitz einsetzen, stehe ich vor einem Problem, denn die kürzeste Blitzsynchronzeit beträgt ja 1/200 Sekunde.

Hier springt die Kurzzeitsynchronisation ein: Ist diese an der Kamera eingestellt, kann ich auch bei aktivem Systemblitz mit jeder beliebigen Verschlusszeit fotografieren: 1/1.000 Sekunde oder gar 1/4.000 Sekunde sind kein Problem. Der Zusatz „Auto" in der Funktionsbezeichnung besagt: Ist die normale Synchronisationszeit von 1/200 Sekunde kurz genug, werden Blitz und Kamera auch ganz normal synchronisiert. Erst wenn die Belichtungszeit kürzer ist, wechselt die Kamera selbständig in den Hochgeschwindigkeitsmodus.

Kommen wir zum Nachteil der FP-Kurzzeitsynchronisation, der nicht verschwiegen werden darf: Die Reichweite des Blitzes wird dabei erheblich herabgesetzt. Das wird klar, wenn man sich ansieht, wie die Kurzzeitsynchronisation funktioniert: Statt eines einzelnen Blitzes wie bei normalen Blitzfotos beginnt der Blitz im Kurzzeitmodus bereits vor dem Öffnen des ersten Vorhangs damit, eine Salve von sehr schnell hintereinander abgefeuerten Blitzen auszusenden. Damit hört er erst wieder auf, wenn der zweite Vorhang wieder vollständig geschlossen ist. Mittels dieses Tricks wird die normalerweise extrem kurze Leuchtdauer des Blitzes zeitlich so weit ausgedehnt, dass das Problem des teilweise schwarzen Fotos hier nicht mehr auftreten kann. Durch dieses „Dauerfeuer" wird die Blitzleistung allerdings erheblich vermindert: Je kürzer die Belichtungszeit, desto kleiner wird die Reichweite des Blitzes. Bei 1/1.000 Sekunde bleiben beim SB-910 rund 4 Meter übrig - immer noch genug für ein Porträt mit ISO 100 und Blende 2,8.

Da der FP-Modus immer erst dann greift, wenn die Belichtungszeit kürzer ist als die Synchronzeit, können Sie Ihren Blitz übrigens ständig auf FP eingestellt lassen; so handhabe ich es auch. Bleibt noch die abschließende Frage: 1/200 FP oder 1/250 FP? Ich habe die D600 stets auf 1/250 FP gestellt und komme damit bestens zurecht. Benutzer von einigen Blitzen sogenannter „Fremdhersteller" haben jedoch berichtet, dass 1/250 Sekunde bei ihnen nicht zuverlässig funktioniert; sie verwenden deshalb 1/200 FP. Ich kann das an dieser Stelle nur ungeprüft und ohne Gewähr weitergeben, da ich nur mit Nikon-Blitzen fotografiere. Im Zweifel müssen Sie es bitte selbst ausprobieren.

Weitere Blitzmodi der D600

Wenn Sie die Blitztaste gedrückt halten und dabei das hintere Einstellrad drehen, offenbaren sich die weiteren Blitzmodi der Kamera. Normalerweise werden Sie in den bereits ausführlich vorgestellten iTTL-(BL-)Modi arbeiten, doch manchmal ist ein anderer Modus besser geeignet, um das jeweilige Motiv bestmöglich einzufangen. Nachfolgend stelle ich diese anderen Modi und ihre Besonderheiten vor.

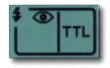

Reduzierung des Rote-Augen-Effekts

Die Kamera versucht, den berüchtigten Rote-Augen-Effekt zu reduzieren, indem vor der Auslösung die LED-Lampe neben dem Objektiv aufleuchtet. Dies dient dazu, dass sich die Pupillen der fotografierten Person zusammenziehen, sodass der Rote-Augen-Effekt nicht oder nur abgeschwächt auftritt; eine gute Hilfe bei Porträts. Da vor jedem Foto die LED aufleuchtet, eignet sich dieser Blitzmodus aber nicht dazu, eine Serie von Fotos in schneller Folge zu schießen.

Richtig Blitzen

Slow

„Slow" bedeutet, dass die Kamera möglichst viel vom vorhandenen Licht berücksichtigt und nur wenig Blitzlicht dazu gibt, um eine möglichst natürliche Bildstimmung zu erhalten. Sie müssen jedoch die Belichtungszeit sehr kritisch im Auge behalten, denn diese kann für eine Freihand-Aufnahme zu lang werden (daher „slow"). Für solche Aufnahmen ist ein Stativ oder eine stabile Unterlage dringend anzuraten.

Slow plus Reduzierung des Rote-Augen-Effekts

Eine weitere Möglichkeit, die die D600 beim Blitzen anbietet, ist die Kombination der beiden zuvor besprochenen Modi: Rote-Augen-Reduktion plus „slow". Wenn Sie eine Person bei wenig Umgebungslicht fotografieren und dabei sowohl die natürliche Lichtstimmung erhalten möchten als auch den Rote-Augen-Effekt reduzieren wollen, ist dies der Blitzmodus der Wahl. Auch dabei gilt es auf die Belichtungszeit zu achten; ein Stativ sollte ebenfalls bereit sein.

Rear

Wenn eine Kamera ein Bild schießt, öffnet sich der Verschluss, um Licht auf den Sensor zu lassen und schließt sich am Ende der Verschlusszeit wieder. Man spricht hierbei vom ersten (das Öffnen) und zweiten (das Schließen) Verschlussvorhang. Kommt beim Foto auch ein Blitz zum Einsatz, so wird dieser normalerweise auf den ersten Vorhang abgefeuert; also kurz nachdem sich der erste Verschluss vollständig geöffnet hat. Bei bewegten Motiven kann es jedoch sein, dass dann ein sehr seltsamer Effekt auftritt: Die Bewegung erscheint unnatürlich, irgendwie „verkehrt". Dazu ein (simuliertes) Beispiel: Der Lichtschweif befindet sich auf der oberen Skizze vor dem Fahrzeug, was komisch aussieht. Das käme dabei heraus, würde man ein echtes Auto im Vorbeifahren anblitzen. Zeit für dieselbe Skizze, diesmal mit Blitzauslösung auf den zweiten Vorhang. Das Ergebnis: Jetzt sieht's natürlich aus, weil der Wagen die Lichter hinter sich „herzieht". Daher ist die Blitzauslösung auf den zweiten Vorhang immer dann die richtige Wahl, wenn bewegte, beleuchtete Elemente im Spiel sind. Achtung: Die D600 behält die „Rear"-Synchronisation auch nach dem Ausschalten bei; dies wird aber nahezu jedes „normale" Blitzfoto missraten lassen. Daher keinesfalls das Zurückstellen vergessen!

Die unnatürliche Wirkung des Blitzfotos (oben) wird durch die Synchronisation auf den zweiten Verschlussvorhang (unten) eleminiert.

Optimaler Weißabgleich

▶ ISO 100, 24mm, f/8, 1/500s
▷ AF-S Nikkor 24-70mm 1:2.8G ED

Optimaler Weißabgleich

Digitalfotografen von heute haben es leicht. Jede digitale Kamera hat einen automatischen Weißabgleich eingebaut, der stets für die richtige Farbsensibilisierung sorgt. In der Regel passt Ihre D600 für jedes einzelne Foto den Weißabgleich neu an, um so immer möglichst neutrale Farben zu liefern. Das war zu analogen Zeiten noch völlig anders: Mit der Auswahl des Films hat man die Farbstimmung der späteren Fotos schon im Voraus festgelegt. Daran ließ sich auch nichts ändern, solange dieser Film in der Kamera eingelegt war. Das Höchste der Gefühle waren Filter, die man vor das Objektiv schrauben konnte, um die Farbstimmung des Films etwas zu beeinflussen. In bestimmten Situationen jedoch macht es auch heute noch – oder wieder – Sinn, sich auf eine ganz bestimmte Farbstimmung festzulegen und die Farbwiedergabe nicht der Kamera-Automatik zu überlassen.

Beispiel eins: Schwierige Lichtsituationen

Die unten abgebildete Szenerie aus der Lobby eines Hotels sieht auf den ersten Blick nicht nach einem schwierigen Motiv aus. Dennoch hatte der automatische Weißabgleich der D600 hier offensichtlich Schwierigkeiten, denn das Foto ist viel zu rötlich-orange geraten. Das ist aber kein Anlass zur Klage oder zur Kritik, denn die Aufnahmebedingungen waren schwieriger als es den Anschein hat: Die Lobby wurde seitlich an mehreren Stellen durch kleine Fenster mit Tageslicht beleuchtet. An der Decke befand sich eine Bespannung unter der Leuchtstoffröhren angebracht waren. Zusätzlich gab es weitere Lichtquellen in Form von Energiesparlampen.

Der automatische Weißabgleich hat dieses Motiv zu warm abgebildet.

▶ *ISO 2.200, 16mm, f/4, 1/30s*
▷ *AF-S Nikkor 16-35mm 1:4G ED VR*
▶ *Weißabgleich „AUTO1"*

Optimaler Weißabgleich

Nun versetzen Sie sich bitte in die Lage der D600 und ihrer „Gedanken": Tageslicht und zweierlei Kunstlicht – worauf soll der Weißabgleich eingestellt werden? Ich weiß natürlich nicht, wofür sich die Kamera letztendlich entschieden hat und warum, aber offensichtlich wurde sie in die Irre geführt, denn es war die falsche Entscheidung.

▶ ISO 2.200, 16mm, f/4, 1/30s
▷ AF-S Nikkor 16-35mm 1:4G ED VR
▶ Weißabgleich „Leuchtstofflampe warmweißes Licht"

Erst eine manuelle Weißabgleichs-Einstellung auf „Leuchtstofflampe – Warmweißes Licht" (mehr Details dazu später) brachte hinsichtlich der Farbstimmung das natürlichste Ergebnis, wie im oberen Foto gut zu erkennen ist.

Beispiel zwei: Lichtstimmungen bewusst erzeugen

Das untenstehende Foto habe ich bei einem Nachmittagsspaziergang aufgenommen; es ist mit automatischem Weißabgleich (AUTO1) geschossen: Die D600 hat alles richtig gemacht, denn genau so sah es vor Ort tatsächlich aus. Ich

▶ ISO 100, 35mm, f/8, 1/250s
▷ AF-S Nikkor 16-35mm 1:4G ED VR
▶ Weißabgleich „AUTO1"

Optimaler Weißabgleich

wollte jedoch eine kühlere Lichtstimmung, damit die Kontraste zwischen dem blauen Himmel, dem grünen Wald und dem gelben Raps deutlicher hervortreten. Also habe ich so lange mit dem manuellen Weißabgleich experimentiert, bis das nachfolgend abgebildete Foto dabei heraus gekommen ist. Es ist von der Farbe her eigentlich ein gutes Stück „daneben", doch es hat genau die Lichtstimmung, die ich mir vorgestellt hatte – das Ergebnis ist aus meinem persönlichen Blickwinkel also perfekt, auch wenn es nicht „richtig" ist. Es ist durchaus mal erlaubt, die Farbstimmung eines Fotos mit dem Weißabgleich kreativ zu manipulieren, wenn es dem gewünschten Endergebnis dienlich ist.

▶ ISO 100, 35mm, f/8, 1/250s
▷ AF-S Nikkor 16-35mm 1:4G ED VR
▶ Weißabgleich „AUTO1", manuell in Richtung bläulich „gedreht"

Beispiel drei: Fotoserien

Wenn Sie unter Lichtbedingungen, die Sie nicht (ausreichend) kontrollieren können, Serien von Fotos schießen, bietet sich ebenfalls ein manueller Weißabgleich an. Genau genommen ist er sogar das einzige Mittel, um eine konstante Farbanmutung über mehrere Aufnahmen zu erzielen. Sehen Sie sich bitte die kleine Fotoserie am oberen Rand der nächsten Seite an; die Fotos sind aus der Hand geschossen. Bestimmt kein fotografisches Highlight, doch als Beispiel gut geeignet. Das Wetter war an diesem Tag etwas unbeständig; bewölkter Himmel und leichter Regen wechselten sich permanent ab. Deshalb habe ich für meine kleinen Fiaker-Serie den Weißabgleich vorsichtshalber manuell auf eine feste Einstellung festgelegt, weil ich nur so sicher sein konnte, dass sich die Farbstimmung zwischen den Aufnahmen nicht verändert.

Optimaler Weißabgleich

Bei Fotoserien ist eine feste Weißabgleichseinstellung der Automatik meist vorzuziehen, um die nötige Konstanz wahren zu können.

Die festen Weißabgleichseinstellungen

Nachfolgend stelle ich Ihnen die festen Weißabgleichs-Einstellungen vor, die die D600 Ihnen bietet. Sie werden sehen: Das sind eine ganze Menge. Die richtige Auswahl ist allerdings meist selbsterklärend, sodass man in kurzer Zeit die passende Voreinstellung gefunden haben sollte. Kommt man damit einmal trotzdem nicht zum Ziel, dann ist das kein Grund die Flinte ins Korn zu werfen: Für schwierige Situationen und/oder ganz besondere Fälle gibt es noch einen „Zaubertrick", der auch dann Hilfe bietet. Diesen Trick verrate ich Ihnen natürlich gerne im Anschluss an diese Übersicht.

Vorab noch ein Hinweis: Jede der Voreinstellungen lässt sich sehr fein anpassen, wenn Sie das möchten oder für angebracht halten; so habe ich es beispielsweise mit dem auf der linken Seite abgebildeten Foto gemacht. Dazu wählen Sie zunächst die gewünschte Weißabgleichseinstellung an. Nun bestätigen Sie die Auswahl aber nicht einfach mit „OK", sondern drücken auf dem Multifunktionswähler nach rechts. Im nun erscheinenden Untermenü können Sie den kleinen Punkt in der Mitte des Fadenkreuzes mit dem Multifunktionswähler an die gewünschte Stelle der Farbskala verschieben. Das ist einfach und komfortabel zu erledigen, denn durch die eingeblendeten Farben sehen Sie sofort in welche Richtung Sie die Farbanmutung verschieben. Selbstverständlich lässt sich eine eingestellte Verschiebung jederzeit wieder ändern oder deaktivieren.

Optimaler Weißabgleich

Auto
Im Kapitel zum Hauptmenü habe ich Sie im Abschnitt „Aufnahme" bereits darauf aufmerksam gemacht, dass der automatische Weißabgleich in zwei Versionen vorhanden ist: Auto1 „Normal" und Auto2 „Warme Lichtstimmung". Der Vollständigkeit halber sei es hier nochmals erwähnt: Auto1 ist neutraler und somit „richtig", Auto2 hingegen etwas wärmer; die Fotos wirken weicher und gefälliger. Entscheiden Sie selbst, was Ihnen mehr zusagt. Ich nehme normalerweise Auto1; bei Porträts hingegen gerne auch mal Auto2.

Kunstlicht
Diese Option bietet sich an, wenn Sie bei Glühbirnen-Licht fotografieren wollen. Doch Achtung: Die Farbtemperatur ist auf herkömmliche Glühbirnen alter Bauart geeicht, nicht auf die neueren Energiesparlampen, die teils eine stark abweichende Farbtemperatur besitzen! Deshalb: Für herkömmliche Glühbirnen ja, für Sparbirnen sollten Sie in vielen Fällen besser den nächsten Eintrag „Leuchtstofflampe" wählen.

Leuchtstofflampe
Leuchtstofflampen gibt es in vielen Varianten und in unterschiedlichen Farbtemperaturen. Deshalb hat diese Weißabgleichseinstellung bei der D600 auch ein Untermenü, in dem Sie aus nicht weniger als sieben verschiedenen Temperaturen auswählen können (auch jede dieser sieben Voreinstellungen können Sie nach Gusto anpassen!). Die Benennungen der einzelnen Wahlmöglichkeiten sind prinzipiell zwar selbsterklärend. Doch fällt es manchmal sehr schwer, eine Farbtemperatur richtig einzuschätzen, weil unser Gehirn (unbemerkt im Hintergrund) ständig einen sehr treffsicheren „Weißabgleich" durchführt, und wir deshalb unter (fast) allen Bedingungen neutrale Farben sehen können.

Hier hilft nur, sich durch Probefotos an die bestmögliche Einstellung heran zu tasten. Übrigens ist die Einstellung „Leuchtstofflampe" auch immer dann die bestmögliche Wahl, wenn Sie eine mit Energiesparlampen beleuchtete Szene fotografieren möchten, wie oben bereits erwähnt. Auch in diesem Fall müssen Sie sich höchstwahrscheinlich durch einige Probeschüsse der richtigen Leuchtstofflampen-Untereinstellung schrittweise annähern.

Optimaler Weißabgleich

Direktes Sonnenlicht
Mittags am Strand ist diese Einstellung die empfehlenswerteste, wie Sie sich wahrscheinlich denken können. Aber nicht nur dort, sondern auch in allen anderen Situationen, in denen die Sonne richtig stark vom Himmel „knallt". Zwei weitere Situationen für diese Weißabgleichseinstellung wären zum Beispiel die Skipiste (reflektierender Schnee) oder die Bootstour (reflektierendes Wasser).

Blitzlicht
Falls Sie tagsüber einen Aufhellblitz benutzen, kann die feste Einstellung auf Blitzlicht in einigen Fällen bessere (im Sinne von neutralere) Ergebnisse liefern als der automatische Weißabgleich. Wenn ich tagsüber im Freien einen Aufhellblitz benutze, stelle ich sehr oft den Weißabgleich manuell auf „Blitzlicht" ein, weil mir die Fotos damit hinsichtlich der Farben konstanter erscheinen als bei „AUTO".

Bewölkter Himmel
Wenn an einem windigen Tag permanent Wolken über den Himmel ziehen, ändert sich auch die Lichtsituation laufend; mal mehr, mal weniger gravierend. Um konstante Ergebnisse zu erzielen, empfiehlt sich in solchen Momenten die manuelle Einstellung auf den bewölkten Himmel, sodass alle Fotos später eine einheitlichere Lichttemperatur aufweisen, als dies mit „AUTO" machbar wäre.

Schatten
Schatten ist nicht gleich Schatten, da auch dessen Lichttemperatur sich mit wechselndem Umgebungslicht ändert und somit höchst unterschiedlich sein kann; so weist zum Beispiel ein „Sommer-Schatten" meist eine andere Lichttemperatur auf als ein „Winter-Schatten". Deshalb rate ich Ihnen auch hier: Für gleichbleibende Ergebnisse sollten Sie besser die entsprechende Einstellung manuell vorwählen.

Farbtemperatur auswählen
Falls Sie die Farbtemperatur des Umgebungslichts kennen, stellen Sie den passenden Kelvin-Wert (Einheit für die Farbtemperatur) ein, und die Sache ist erledigt. Ich fotografiere beispielsweise im Fußballstadion so; ich habe einen TV-Kameramann nach der Farbtemperatur des Flutlichts gefragt.

Optimaler Weißabgleich

Der Trick für schwierige Fälle

Gut, ich gebe es gerne zu: Der Trick ist eigentlich gar keiner, und auch keiner, den ich erfunden hätte. Die Rede ist vom selbst gemessenen Weißabgleich, der in den allermeisten Fällen (lichttechnisch) sehr schwierige Situationen retten kann. Dazu benötigen Sie vor Ort neben Ihrer D600 eine Graukarte oder – was ich als wesentlich praktischer empfinde – einen Weißabgleichsfilter, wie ich ihn im Kapitel „Mein Zubehör" vorgestellt habe. Zur Not reicht auch ein weißes Blatt Kopierpapier, sollte mal nichts Besseres zur Hand sein, aber das ist sicher keine Dauerlösung.

Zu Beginn richten Sie die Kamera so ein, dass das Hilfsmittel (also die Graukarte, der Filter oder das Papier) sich möglichst genau dort befinden, wo auch Ihr Motiv ist. Platzieren Sie Karte oder Papier (beim Filter ist dies überflüssig) so vor dem Objektiv, dass das Hilfsmittel formatfüllend aufgenommen wird; es dürfen keine Ränder zu sehen sein.

Nun kann es los gehen mit der Messung: Drücken Sie die Weißabgleichstaste links neben dem Display (die mit dem Fragezeichen) und drehen Sie gleichzeitig am hinteren Einstellrad, bis „PRE" auf dem Display erscheint.

Halten Sie die Taste weiter gedrückt, und drehen Sie nun am vorderen Einstellrad. Die D600 hat vier Speicherplätze für selbst gemessene Weißabgleichswerte; in diesem Moment müssen Sie sich für einen davon entscheiden; im hier gezeignten Beispiel ist dies „d-1".

Lassen Sie nun die Taste für kurze Zeit los. Jetzt drücken Sie die „WB"-Taste erneut und halten Sie so lange gedrückt, bis kurz darauf die „PRE"-Anzeige im Sucher zu blinken beginnt. Fotografieren Sie Ihr Hilfsmittel (formatfüllend, wie bereits erwähnt; dies ist sehr wichtig!). Hat alles geklappt, erscheint die Meldung „Good" einige Sekunden auf dem Kontrolldispay – fertig! Ist jedoch etwas schief gegangen, was bei den ersten Versuchen zum selbst gemessenen Weißabgleich natürlich einmal vorkommen kann, zeigt die D600 jedoch die Meldung „no Gd", also „nicht gut". Starten Sie einfach einen weiteren Anlauf; es ist übrigens wesentlich einfacher als es hier klingt. Probieren Sie es bitte aus.

Optimaler Weißabgleich

Der selbst gemessene Weißabgleich kann danach jederzeit wieder aufgerufen und anschließend verwendet werden. Sollten Sie einen selbst gemessenen Weißabgleich dauerhaft auf einer der vier Speicherbänke behalten wollen, weil Sie zum Beispiel Ihren Nachwuchs öfter in derselben Sporthalle fotografieren, so ist es natürlich sinnvoll, der gemessenen Weißabgleichseinstellung einen möglichst aussagekräftigen Namen zu geben, was Sie ebenfalls tun können.

Genau wie bei den voreingestellten Weißabgleichsversionen können Sie auch den eigenen Weißabgleich nachträglich noch anpassen, falls es gewünscht oder erforderlich sein sollte.

Der selbst gemessene Weißabgleich lässt sich zudem bei Bedarf schützen, sodass Sie ihn nicht bei der nächsten eigenen Messung versehentlich mit einem neuen Messwert überschreiben können. Der Schutz lässt sich jederzeit wieder aufheben, wenn Sie den Platz neu belegen möchten.

Aufnahmesituationen mit Mischlicht sind auch für moderne Kameras wie der D600 ziemlich schwierig. Der selbst gemessene Weißabgleich kann das Problem aber meist lösen.

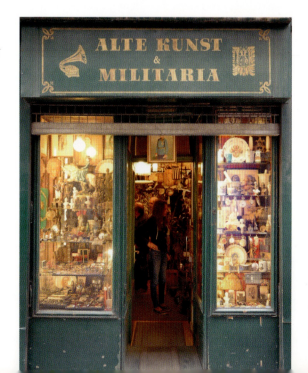

▶ ISO 1.100, 30mm, f/4, 1/60s
▷ AF-S Nikkor 16-35mm 1:4G ED VR
▶ Selbst gemessener Weißabgleich

▶ ISO 100, 35mm, f/5,6, 1/125s
▷ AF-S Nikkor 16-35mm 1:4G ED VR
▶ Picture Control „Vivid"

Picture Control

Picture Control

Mit dieser Funktion gibt Ihnen Nikon ein sehr mächtiges Werkzeug an die Hand, dessen Bedeutung oft unterschätzt oder gar übersehen wird. Picture Control ist nichts weniger als die Zentrale, die die Anmutung Ihrer Fotos maßgeblich bestimmt. Das Beste daran: Sie müssen sich nicht mit starren Vorgaben begnügen, sondern können die Voreinstellungen so verändern, dass sich Ihr ganz persönlicher Bildstil kreieren und auch abspeichern lässt. Mit anderen Worten: Picture Control verwandelt irgendeine D600 in eine für Sie maßgeschneiderte D600, und das sollten Sie unbedingt nutzen. Ganz besonders wenn Sie ausschließlich oder überwiegend in JPEG fotografieren, sollten Sie sich intensiv mit dem Thema Picture Control beschäftigen.

Damit Sie die Wirkung der verschiedenen Einstellungen vergleichen können, habe ich ein Beispielfoto vorbereitet, das ich mit verschiedenen Picture Control-Einstellungen „entwickelt" habe. Bitte beachten Sie, dass die Unterschiede teilweise nur gering und daher hier im Buch schwer zu erkennen sind; ich beschreibe sie deshalb zusätzlich mit Worten.

Standard

Mit dieser Einstellung wird die Kamera ausgeliefert; sie passt nach Nikons Meinung also auf die meisten Motive. Kontrast, Helligkeit, Farbsättigung und Farbton sind jeweils auf den Mittelwert eingestellt; die Bildschärfung steht auf Stufe 3 (von 10). Die Standard-Einstellung ist ein guter Ausgangspunkt für die ersten Versuche.

Es spricht nichts dagegen, die Standard-Einstellung zu verwenden. Sie eignet sich für sehr viele Motive und bietet einen guten Kompromiss.

Picture Control

Fotos, die mit anderen Einstellungen aufgenommen wurden, mögen einem auf den ersten Blick mehr ins Auge stechen. Die neutrale Picture Control ist zurückhaltend abgestimmt, schafft aber einen sehr natürlichen Bildeindruck.

Neutral

Die neutrale Konfiguration setzt auf das Motto „Weniger ist oftmals mehr". Alles ist gegenüber der Standard-Einstellung zurückhaltender; besonders die Bildschärfe und die Kontrastkurve sind sichtbar zurückgenommen. Fotos mit der Einstellung „Neutral" wirken auf den ersten Blick vielleicht nicht so knackig – sie sind dafür aber sehr natürlich und eignen sich bestens für umfangreiche Nachbearbeitungen.

Ich kann dieser Einstellung unter normalen Bedingungen nichts abgewinnen, da ich die Farben viel zu grell und die Kontraste als viel zu hart empfinde – irgendwie unnatürlich.

Brillant

Die Bezeichnung lässt es schon vermuten: Mit dieser Einstellung entstehen intensive, poppige Fotos. Kontrast, Farbsättigung und Bildschärfe sind angehoben. Die so geschossenen Fotos mögen zunächst klasse wirken, weil sie einen geradezu „anspringen". Ich halte „Brillant" jedoch für deutlich zuviel des Guten, da insbesondere die stark gesättigten Farben nicht mehr sehr natürlich erscheinen; die Fotos wer-

den für meinen Geschmack einfach viel zu bunt. Der hohe Kontrast lässt zudem in Schattenbereichen oftmals Details „absaufen", was auch nicht gut zu einem natürlichen Foto passt. Dennoch muss ich eine Lanze für „Brillant" brechen, denn in einer ganz bestimmten Aufnahmesituation gibt es keine bessere Voreinstellung: bei miesem (Regen-) Wetter. Wenn der Himmel verhangen ist und deshalb nur wenige Sonnenstrahlen durchdringen, ist jedes Motiv auch nur wenig glanzvoll. „Brillant" wirkt dem jedoch gut entgegen und kann auch dann Fotos von hoher Leuchtkraft erzeugen.

Monochrom

Mit dieser Einstellung können Sie Schwarzweiß-Aufnahmen schießen. Nun mögen Sie sich fragen: Wieso sollte ich das tun, denn ich kann doch jedes Farbfoto in der Bildbearbeitung in Schwarzweiß umwandeln? Richtig, aber: Wenn Sie in Farbe fotografieren, nehmen Sie manche bildwirksamen Aspekte oftmals nicht wahr, die nur in einem Schwarzweiß-Foto richtig zur Geltung kommen, denn ohne Farben wirken viele Motive einfach völlig anders.

Wenn Sie also wissen, dass Sie eine Schwarzweiß-Serie aufnehmen möchten, dann sollten Sie nach meiner Erfahrung beim Fotografieren auch die entsprechende Einstellung auswählen. Nur so können Sie direkt nach dem Schuss auf dem Display beurteilen, wie die Schwarzweiß-Version wirkt. Dazu noch ein Tipp: Schwarzweiß und Live View bilden ein ganz ausgezeichnetes Team. Denn durch das Live-Bild können Sie die Schwarzweiß-Wirkung des Motivs schon vor der eigentlichen Aufnahme aussagekräftig beurteilen.

In Schwarzweiß wird das Auge des Betrachters nicht von den vorherrschenden Grün- und Brauntönen des Motivs angezogen, sodass sich ein völlig anderer Bildeindruck aufbauen kann.

Picture Control

Sanft und weich – so könnte man die Porträt-Einstellung beschreiben. Das macht Sinn, denn bei Gesichtern möchte man normalerweise keine grellen Farben und harten Kontraste haben.

Porträt

Natürlich würde man für ein solches Motiv normalerweise nicht zur Porträt-Einstellung greifen. Doch insbesondere im direkten Vergleich zur unten abgebildeten Landschafts-Einstellung wird die Anmutung deutlich: Die Bildschärfe und der Kontrast sind sichtbar zurückgenommen, die Farben wirken weniger grell. Sie sind zudem auf Hauttöne optimiert, wie sich an den Brauntönen im Motiv gut erkennen lässt.

Auch das Landschaftsprogramm setzt auf eher knackige Farben und Kontraste. Die Anhebung der Bildschärfe liegt dabei eher im oberen Bereich der Skala.

Landschaft

In dieser Einstellung sind Blau- und Grüntöne ebenso angehoben wie der Kontrast und die Bildschärfe. Die Kontrastanhebung ist dabei sogar noch stärker als bei „Brillant", wohingegen die Farben nicht ganz so stark gesättigt sind. Ich bin bei der Landschaftseinstellung hin- und hergerissen: Mal gefällt sie mir recht gut, mal weniger; es kommt dabei stark auf das jeweilige (Landschafts-) Motiv an.

Picture Control

Konfigurationen vergleichen

Wenn Sie im Auswahlmenü der Picture Control-Konfigurationen die Minus-Taste (ganz unten links neben dem Display) betätigen, erscheint ein Gitternetz wie links abgebildet. So bekommen Sie einen Überblick über die Picture Controls und auch einen Vergleich darüber, wie sie hinsichtlich des Kontrasts (senkrechte Skala) sowie der Farbsättigung (waagerechte Skala) im Verhältnis zueinander stehen.

Konfigurationen individuell anpassen

Wenn Sie eine der Picture Controls angewählt haben, sehen Sie unten rechts auf der Anzeige des Displays die Abkürzung „Anp." („Anpassung"), versehen mit einem Symbol zum rechtsseitigen Betätigen des Multifunktionswählers. Dahinter steckt mehr, als man vielleicht glauben mag: Jede der Picture Control-Voreinstellungen lässt sich damit individuell an den eigenen Geschmack anpassen. Wenn Sie rechts auf den Multifunktionswähler drücken, sehen Sie die links abgebildete Anzeige. Sie enthält die Einträge „Scharfzeichnung", „Kontrast", „Helligkeit", „Farbsättigung" und „Farbton", die Sie nach Wunsch einstellen können.

Die schnellste und einfachste, aber auch die deutlich gröbere Variante ist dabei die Schnellanpassung, die oben als erster Eintrag zu sehen ist. Ist sie ausgewählt, und Sie drücken abermals den Multifunktionswähler, verändern sich die Parameter Scharfzeichnung, Kontrast und Farbsättigung auf einmal. In welche Richtung sie sich verändern, hängt davon ab, wo Sie auf den Multifunktionswähler drücken: Links bewirkt eine Abschwächung, rechts eine Erhöhung. Bei der Picture Control „Neutral" ist die Schnellanpassung deaktiviert; „Monochrom" nimmt ebenfalls eine Sonderstellung ein, die ich etwas später näher vorstellen möchte.

Möchten Sie eine Picture Control hingegen individueller und feiner anpassen, wozu ich Ihnen ausdrücklich rate, dann verstellen Sie den/die gewünschten Parameter einzeln. Im links abgebildeten Beispiel habe ich nur die Bildschärfe angehoben und den Rest der Parameter auf den Voreinstellungen belassen. Natürlich können Sie sich auch jeden anderen Paramater heraussuchen und anpassen, oder Sie entscheiden sich für eine Kombination mehrerer Regler.

Picture Control

Oftmals übersehen wird die Tatsache, dass alle Picture Controls in den Bereichen Scharfzeichnung, Kontrast und Farbsättigung auch über die Einstellung „Auto" verfügen, die sich ganz unscheinbar links am Rand versteckt. Sie können es also auch der Beurteilung der Kamera überlassen, welche Werte sie für diese drei Parameter einstellt. Ich lege Ihnen nahe, dies einmal auszuprobieren, denn der große Vorteil der „Auto"-Einstellung ist: Während die anderen Einstellungen feste Werte sind, die die D600 unverändert auf jedes Foto anwendet, analysiert die Kamera in der automatischen Einstellung jedes einzelne Motiv auf seinen Inhalt und bestimmt danach die individuell besten Werte.

Sonderfall Monochrom

Wenn Sie in der Monochrom-Einstellung Veränderungen vornehmen möchten, wird Ihnen beim Auswählen des entsprechenden Menüs auffallen, dass die Optionen anders aussehen als bei allen anderen Picture Controls. Während Scharfzeichnung, Kontrast und Helligkeit vorhanden sind, fehlen hingegen die Einstellregler für Farbsättigung und Farbton. Logisch, denn hier geht es ja um Schwarzweiß. Viel interessanter sind jedoch zwei weitere Optionen, die es nur hier gibt: „Filtereffekte" und „Tonen". Mit der ersten Einstellung können Sie Farbfilter simulieren wie sie in der analogen Schwarzweiß-Fotografie häufig angewandt werden. Dazu stehen ihnen vier Filter zur Verfügung: Gelb (Y, yellow), Orange (O), Rot (R) und Grün (G). Die ersten drei Filter dienen dazu, den Kontrast zu verstärken, um beispielsweise den Himmel abzudunkeln und somit spannender zu gestalten. Rot ist das stärkste Filter, gefolgt von Orange und Gelb. Grün hingegen sorgt für eine Weichzeichnung von Hauttönen und bietet sich deshalb für Porträts an.

„Tonen" legt eine Farbe über das Foto, sodass dieses nicht mehr in reinem Schwarzweiß erscheint. Dazu stehen Ihnen Sepia, Cyanotype, Rot, Gelb, Grün, Blau-Grün, Blau, Blau-Violett und Rot-Violett zur Verfügung. Jede dieser Tonungen lässt sich in der Stärke in sieben Stufen variieren. Durch Tonen verleihen Sie Schwarzweiß-Fotos einen besonderen Touch, um sie zu einem Hingucker zu machen. Hier sollten Sie sich Zeit zum Experimentieren nehmen, denn die Möglichkeiten wollen durchgespielt werden.

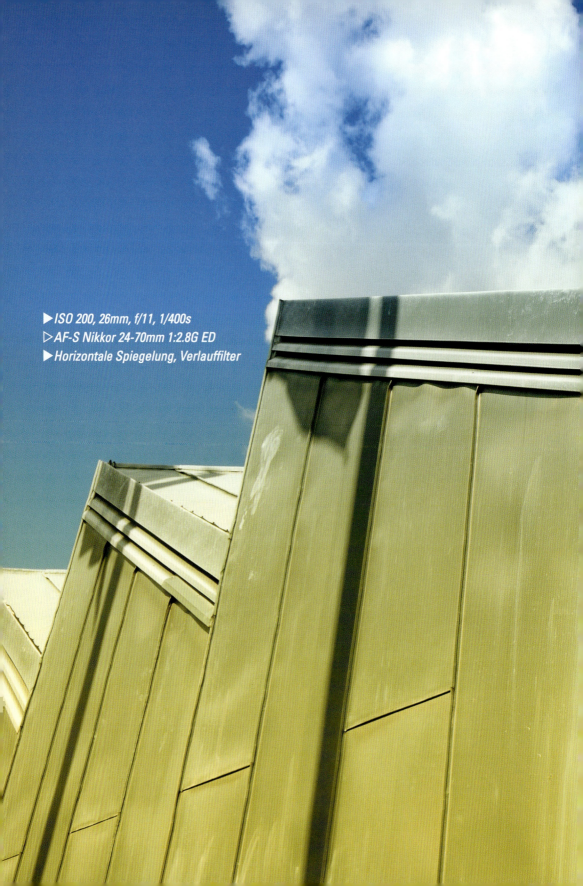
▶ ISO 200, 26mm, f/11, 1/400s
▷ AF-S Nikkor 24-70mm 1:2.8G ED
▶ Horizontale Spiegelung, Verlauffilter

Die Software ViewNX 2

Zur D600 legt Nikon auch eine Software in den Karton, die sich „ViewNX 2" nennt. Damit können Sie eine ganze Menge machen, ohne zusätzliches Geld für eine Bildbearbeitung oder andere Programme ausgeben zu müssen. Ich möchte Ihnen zeigen, was die Software alles leisten kann.

Der Datentransfer

Zum Überspielen der Dateien auf Ihren Computer haben Sie zwei Möglichkeiten: Entweder Sie schließen die Kamera direkt per USB-Kabel an, oder Sie stecken die Speicherkarte in ein Lesegerät, was ich persönlich für wesentlich praktischer halte. In beiden Fällen erkennt die Software die D600-Fotos sofort. In diesem Fenster können Sie jetzt die zu importierenden Fotos (standardmäßig sind alle aktiv) auswählen und den gewünschten Speicherort, also den Bilderordner auf Ihrer Festplatte, bestimmen.

Extrem hilfreich finde ich die Option, die sich unter „Sicherungsziel" verbirgt: Sie können ViewNX 2 damit anweisen, die Fotos nicht nur in einen einzigen Ordner, sondern simultan auch auf einen zweiten Speicherort, zum Beispiel eine externe Festplatte, zu überspielen. Damit haben Sie die Fotos nicht nur in einem Rutsch auf den Computer transferiert, sondern gleichzeitig auch ein Backup angelegt. Diese Option nutze ich immer, wenn ich Fotos überspiele, denn eine Sicherungskopie ist für mich ein absolutes Muss.

Ebenfalls sehr nützlich sind die Voreinstellungen, die man in der Regel nur einmal festzulegen braucht, um künftig alle Fotos nach demselben Schema zu überspielen. Hier lässt sich zum Beispiel definieren, dass nur Fotos übertragen werden, die nicht vorher schon einmal transferiert worden sind, oder ob die Daten nach dem Kopiervorgang automatisch von der Speicherkarte gelöscht werden sollen (oder nicht).

Software

Keinesfalls übersehen sollten Sie die folgende Option, während Sie den Überspielvorgang vorbereiten: Die optionale automatische Umbenennung der Dateien während des Überspielvorgangs, wozu ein Häkchen in das links zu sehende Kästchen gesetzt werden muss. Beim Mausklick auf „Bearbeiten" (innerhalb dieses Fensters) öffnet sich ein weiteres Dialogfenster wie links abgebildet. Darin können Sie die kryptischen Dateinamen wie „DSC_1234.JPG" durch sinnvollere Bezeichnungen ersetzen oder um solche ergänzen.

In meinem Beispiel heißen die Dateien nach der Übertragung „Moenchengladbach_20131023_1234.jpg", wobei es sich bei der mittleren Zahlenkolonne um das Datum der Aufnahme handelt. Ich finde die Umbenennungs-Option für die Katalogisierung der eigenen Fotosammlung sehr praktisch.

Der Foto-Browser

Sind alle Fotos überspielt, steht deren Sichtung an. Dazu gibt es bei ViewNX 2 das entsprechende Browser-Modul, das die importierten Fotos übersichtlich anzeigt. Am linken Rand befindet sich eine Ordnerleiste, die sich auch ausblenden lässt (wie hier abgebildet), daneben werden die Fotos als Miniaturansichten dargestellt, die sich in der Größe wunschgemäß skalieren lassen. So lassen sich die gerade überspielten Fotos bequem und schnell durchsehen.

Software

Die Bildbearbeitung

Mit einem Mausklick auf „Bearbeitung" wechseln Sie zum entsprechenden Modul. Die Ansicht wechselt: In der Mitte wird das ausgewählte Foto groß dargestellt; am unteren Rand liegt ein Filmstreifen mit den weiteren Fotos. Rechts befindet sich eine Auswahlbox mit vielen Reglern, die eine breite Palette an Bearbeitungsmöglichkeiten zur Verfügung stellt. Die Optionen ändern sich, je nachdem, ob es sich um eine JPEG- oder RAW-Datei handelt entsprechend.

Danach können Sie, falls erforderlich und gewünscht, die Fotos mit dem Konvertierungsmodul in das entsprechende Dateiformat umwandeln; zum Beispiel RAW nach JPEG oder RAW nach TIFF. Hierbei stehen diverse Optionen, wie etwa eine Änderung der Bildgröße, eine Feineinstellung für die Qualität sowie das Entfernen von Exif-Daten und einiges mehr zur Verfügung.

Einen frei definierbaren Speicherort für die Dateien können Sie natürlich auch festlegen. An dieser Stelle haben Sie erneut die Chance, den Dateinamen der Fotos zu ändern (falls Sie dies nicht schon beim Import erledigt haben), wozu Ihnen das Programm abermals sehr viele Optionen zur Gestaltung des neuen Namens anbietet.

Software

Das GPS-Modul

Für alle Freunde der GPS-basierten Aufzeichnung von geografischen Koordinaten hält ViewNX 2 mit dem GPS-Modul noch ein ganz besonderes Schmankerl bereit. Wenn Ihre Fotos GPS-Daten enthalten, so zeigt ViewNX 2 diese nebst allen enthaltenen Informationen sehr schön auf einer Google Maps-Karte an, sofern Ihr Computer mit dem Internet verbunden ist. Auch wenn Sie die GPS-Daten mit einem externen Logger aufgezeichnet haben, hilft Ihnen das Programm weiter: Mittels des Log Matching-Moduls können Sie die Daten in die entsprechenden Fotos schreiben lassen, ohne auf eine weitere Software zurückgreifen zu müssen.

ViewNX 2 beinhaltet erstaunlich ausgefeilte GPS-Funktionen, die so manche Spezialsoftware ziemlich alt aussehen lassen. Bereits mit Standortinformationen versehene Fotos werden automatisch auf einer Karte angezeigt (oben). Problemlos lassen sich aber auch die Daten eines externen GPS-Loggers in die Bilder einbinden, wie links abgebildet.

Software

Der Movie Editor

Da die D600 bekanntlich nicht nur fotografieren, sondern auch filmen kann, hat Nikon der Kamera natürlich auch eine Software für den Filmschnitt beigelegt, die von ViewNX 2 aus aufgerufen werden kann.

Zunächst werden die Filmclips per drag & drop ins Storyboard importiert, wobei sie auch gleich in der gewünschten Reihenfolge angeordnet werden können. Allzu viele Clips kann man allerdings nicht in einem Projekt verarbeiten, denn dann stellt sich das Programm mit einer Warnmeldung quer und verweigert das Hinzufügen weiteren Filmmaterials. Keiner erwartet von einer kostenlosen Software die Fähigkeiten eines 2.000-Euro-Profischnittprogramms, aber diese sehr enge Begrenzung ist für mich absolut unverständlich.

Zur Filmgestaltung stellt das Programm eine halbwegs akzeptable Anzahl an Übergängen zur Verfügung, welche Sie zwischen die einzelnen Filmclips schieben können; auf Wunsch erledigt das Programm dies aber auch automatisch.

Um den guten Ton kümmert sich die Filmmusik-Option: Hiermit lässt sich der Originalton mit Hintergrund-Musik unterlegen, wenn Sie dies möchten. Allerdings werden Sie dabei höchstwahrscheinlich auf ein Problem stoßen, das ich zunächst nicht glauben konnte: Das extrem weit verbreitete MP3-Format wird vom Movie Editor nicht unterstützt, wenn Sie einen Film mit H.264-Codec und AAC-Ton erstellen möchten, wie es die Regel ist.

Mir ist der Grund dafür zwar nicht bekannt, aber ich mutmaße, dass die Programmierer einfach kein Konvertierungsmodul für den Ton mit eingebaut haben, weil das offensichtlich zu teuer, zu mühsam oder beides gewesen wäre. Es bleibt Ihnen deshalb, wenn Sie eine MP3-Datei verwenden möchten, nichts anderes übrig, als das benötigte Material zuvor selbst mit einem geeigneten Audio-Programm händisch in AAC umzuwandeln, um es in den Film einbinden zu können. Wenn das Filmprojekt trotz aller Hürden komplett zusammengestellt ist, erfolgt im letzten Schritt die Erstellung der Filmdatei, was auf einem halbwegs gut ausgestatteten Rechner erfreulich zügig vonstatten geht. Damit wären die Möglichkeiten des Movie Editors auch schon aufgezählt, denn weitere Optionen bietet das Programm nicht.

Meine Meinung zum Software-Paket

Ganz ehrlich: Die Import- Sicherungs -Katalog- und GPS-Funktionen von ViewNX 2 sind sehr gut, wie ich meine. Hier bekommt man alles, was man benötigt, ohne dass man dafür zusätzliches Geld ausgeben muss. Die Fotobearbeitung kommt zwar in einigen Bereichen nicht an die bekannten Spezialisten heran, aber Sie genügt einfacheren Ansprüchen, insbesondere hinsichtlich der RAW-Bearbeitung, durchaus, sodass Sie auch in diesem Bereich für Zusatzprogramme nicht unbedingt in die Tasche greifen müssen.

Bis zu diesem Punkt hat Nikon bezüglich der kostenlosen Software-Dreingaben ein Lob verdient, wie ich finde, denn man kann mit den Programmen jede Menge erledigen, und sie sind gut zu bedienen. Der Movie Editor hingegen ist ein so rudimentäres Programm, dass ich ihn nicht einmal für die ersten Versuche des Videoschnitts empfehlen möchte. Hier sollte Nikon rasch nachbessern und das Programm überarbeiten und erweitern lassen. Oder besser noch eine bekannte und anerkannte Videoschnittsoftware beilegen, die diesen Namen auch tatsächlich verdient.

Selbst ein Programm für ganze 12 Euro wie iMovie von Apple lässt den Nikon Movie Editor weit hinter sich, wenn es um die Funktionsvielfalt und die Bedienbarkeit geht.

Software

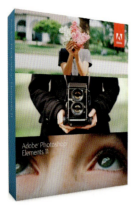

Die bezahlbare Alternative

Adobe Photoshop Elements 11

ViewNX 2 kann so Einiges, wie ich Ihnen gezeigt habe, aber es gibt Bildbearbeitungsspezialisten, die können noch mehr. Für bezahlbare 75 Euro bekommen Sie von Adobe ein Programm, das es in sich hat. Sein Namenszusatz „Elements" weist nicht etwa darauf hin, dass nur die notwendigsten Bestandteile enthalten sind. Ganz im Gegenteil: Für relativ wenig Geld bekommen Sie mit PSE11 ein mächtiges Werkzeug rund um Ihre Fotos in die Hand. Es wurden nur einige der Profi-Funktionen aus dem „großen" Photoshop weggelassen; das erleichtert die Übersicht und auch die Bedienung.

Der Bild-Organizer

PSE11 teilt sich in vier Module: Organisieren, Korrektur, Erstellen, Weitergeben. Eine logische Abfolge. Mit dem Organizer führen Sie alle Aktionen Ihrer Fotos durch: Er ist also die Zentrale für Ihre Fotos. Das Programm bietet Ihnen dabei unzählige Möglichkeiten, die Fotos mit Schlagworten zu versehen, zu bewerten, zu sortieren und vieles mehr. Alles zu beschreiben würde den Rahmen dieses Buches sprengen; zu PSE11 gibt es aber eigene Fachbücher.

Das Bearbeitungsprogramm

Zur Bearbeitung Ihrer Fotos stellt Ihnen PSE11 drei Wege zur Verfügung. Die erste Möglichkeit besteht darin, die beim Klick auf „Korrektur" (am oberen Rand; rechts) aufklappenden Funktionen zu nutzen. Hier können Sie auf einfache Weise mit Hilfe von Automatiken Farb- Tonwert- Kontrast- und Schärfeoptimierungen (und einiges mehr) vornehmen lassen. Gerade wenn Sie noch nicht so erfahren in der Bildbearbeitung sind, ist dies eine empfehlenswerte Sache.

Reicht Ihnen dies nicht aus, weil Sie die Bearbeitung lieber selbst steuern möchten statt sie einer Automatik zu überlassen, dann klicken Sie auf den Eintrag „Fotos bearbeiten" (rechts am Rand, etwa in der Mitte). Nun dauert es einen kleinen Moment, denn es wird ein eigenständiges Programmmodul namens „Photoshop Elements Editor" geladen, das sich in einem separaten Fenster öffnet. Wie auf dem Bildschirmfoto unschwer zu erkennen ist, sind die Bearbeitungsmöglichkeiten nun ungleich vielfältiger. Der Editor

Software

lässt Ihnen die Wahl zwischen drei Bearbeitungswegen: „Vollständig" (alle Feintuning-Möglichkeiten sind einzeln steuerbar; alles regeln Sie selbst), „Schnell" (die Regler sind gröber, aber einfacher zu überblicken; auch hier steuern Sie alles selbst), oder per „Assistent", der Sie fragt was Sie mit dem Foto machen möchten, um Sie dann Schritt für Schritt zu den entsprechenden Funktionen zu führen.

Erstellen und Weitergeben

Unter der Funktion „Erstellen" können Sie Bildbände zusammenstellen, Fotoabzüge bestellen, Kalender, Grußkarten und Collagen anfertigen, DVDs und CDs mit passenden Hüllen versehen und Einiges mehr. Die Option „Weitergeben" hingegen lässt Sie Online-Galerien entwerfen, Ihre Fotos zu Facebook, Flickr oder Kodak hochladen, als E-Mail versenden oder für die Anzeige auf Smartphones aufbereiten. Mit den beiden auf dieser Seite vorgestellten Programm-Modulen wird Photoshop Elements 11 komplett: Von der Überspielung Ihrer Fotos über die Katalogisierung und die Bearbeitung bis hin zur Präsentation ist PSE11 für alles gerüstet – ganz schön viel Software für wenig Geld, wie ich denke.

Adobe Premiere Elements 11

Zur Bearbeitung von Videos empfiehlt sich Premiere Elements 11 für ebenfalls 75 Euro. Es arbeitet nahtlos mit Photoshop Elements zusammen. Premiere Elements ist, wenn Sie auch Videos bearbeiten möchten, die Sie mit der D600 aufgenommen haben, fast schon Pflicht. Der Nikon Movie Editor kann wahrlich nicht viel, wie Sie gesehen haben, sodass ein „richtiges" Videoschnittprogramm angeschafft werden muss, wenn man ansprechende Videos erstellen und dabei auch Freude haben möchte. Auch Premiere Elements 11 glänzt durch seine logische und durchdachte Bedienung, die der von PSE11 in nichts nachsteht.

Spar Tipp

Premiere Elements kostet mit 75 Euro dasselbe wie Photoshop Elements. Adobe schnürt aber auch ein Doppelpack, bei dem sich kräftig sparen lässt: Kauft man beides zusammen, zahlt man mit 115 Euro nur 40 Euro Aufpreis für das zweite Programm. Mit dem Doppelpack ist man sowohl für Fotos als auch für Videos perfekt ausgerüstet.

Index

12 Bit 124
12-Bit-RAW 125
14 Bit 124
14-Bit-RAW 124
21 Messfelder 194
39 Messfelder 194
3D-Color-Matrixmessung II 202
3D-Tracking 195
9 Messfelder 194

A

Abblendtaste 112, 168
Abschattungen 217
Action-Fotos 31
Active D-Lighting 135, 136
Adobe Photoshop Elements 11 256
Adobe Premiere Elements 11 257
Adobe RGB 133, 134, 135
Advanced Scene Recognition System 202
AE-L/AF-L-Taste 113, 117, 168
AF-A 192
AF-C 191
AF-F 162
AF-Feinabstimmung 93, 95
AF-Hilfslicht 100
AF-ON 114
AF-S 162, 191
Akku-/Batterietyp 109
Akkudiagnose 91
Akkureihenfolge 109
Anzahl der Fokusmessfelder 100
Anzeige im Hochformat 148
Anzeigeoptionen 169
App 180, 183
Aufhellblitz 226
Auflösung 173
Aufnahme 120
Aufnahmedaten 147
Aufnahmemodi 76

ausblenden 146
Ausgabeauflösung 89
Auslösesperre 116
Ausrichten 154
Ausschaltzeiten 104, 177
Ausschnittreserven 25
Auto 236
Auto-Verzeichnungskorrektur 132
Auto1 236
AUTO1 131
Auto2 236
AUTO2 131
Autofokus-Automatik 192
Autofokus-Betriebsarten 190, 191
Autofokus-Messfeldarten 193
Autofokusknopf 190
automatisch entrauschen 141
automatische Bildausrichtung 90
Automatische Messfeldsteuerung 195
automatische Übertragung 180

B

Bearbeitungsprogramm 256
Belichten 202
Belichtung speichern 103, 114
Belichtung speichern ein/aus 114
Belichtung und Fokus speichern 113
Belichtungskompensation 208
Belichtungskorrektur 101, 111, 161
Belichtungsmessmethoden 203
Belichtungsmesssystem 202
Belichtungsmessung 102
Belichtungsreihen 111, 212
Belichtungssteuerung 101, 172, 213
Belichtungszeit 228
Benutzerdefiniertes Menü 150
Beschneiden 152
Bewölkter Himmel 237
Bild-Organizer 256

Index

Bildbearbeitung 151, 252
Bilder kopieren 148
Bilder verbreiten 186
Bildfeld 32, 122, 204
Bildfeldwahl 168
Bildgröße 121, 179
Bildkommentar 90
Bildkontrolle 148, 209
Bildmontage 153
Bildqualität 121
Bildrauschen 26, 141
Bildsensor 18
Bildwiederholrate 167
Bildwirkung 19
BKT-Reihenfolge 111
BKT-Taste 213
Blende 172
Blendenautomatik 77
Blendenvorwahl 78, 223
Blitz 216
Blitzauslösung 229
Blitzbelichtungskorrektur 225
Blitzbelichtungsmessung 223
Blitzbelichtungsspeicher 114, 224
Blitzbelichtungsspeicherung 224
Blitzdistanz 216
Blitzeffekte 218
Blitzen 216
Blitzgerät 110
Blitzleistung 228
Blitzlicht 237
Blitzmodi 228
Blitzsymbol 109
Blitzsynchronisation 227
Blitzsynchronzeit 110, 226, 227
Blitzsystem 216
Blüten 71
Bracketing 212

Bracketing-Funktion 212
Bracketing-Vorgang 213
Brennweitenverlängerung 19
Brillant 243

C

CLS 216, 219
Color-Matrixmessung II 202
Copyright-Informationen 91
Creative Lighting System 216
Crop-Faktor 19

D

D-Lighting 151
D-Objektiv 202
d21 194
d39 194
d9 194
Dämmerung 70
Dateiname 120
Datentransfer 250
Diaschau 149
Direktes Sonnenlicht 237
Displaybeleuchtung 108
Displayhelligkeit 88
Displaylupe 165
DPOF 149
drahtlos ansteuern 218
DX 19, 32
Dynamikbereich 135
Dynamische Messfeldsteuerung 193, 194

E

Einbeinstativ 54
Einstelllicht 111
Einstellrad 213
Einstellräder 115
Einzelautofokus 191
Einzelfeld-Messfeldsteuerung 193
Erstellen 257

Index

F
Farbabgleich 153
Farbkanal 126
Farbkontur 155
Farbraum 133
Farbsensibilisierung 232
Farbtemperatur 237
Farbtiefe 126, 127
Farbzeichnung 155
Feinabstimmung 102
Fernauslöser 57
Fernauslösung 104, 144
Fernsteuerung 176, 181, 182
Filmen 163
Filtereffekte 152, 247
Firmware 96
Fisheye 155
Flimmerreduzierung 90
focal plane 227
Focal Plane Synchronisation 226
Fokus speichern 114
Fokus-Arten 199
Fokus-Setup 198
Fokusmessfeld 147, 161
Fokuspunkte 193
Fokussieren 170, 190
Follow Focus 166
Follow Focus-System 163
Food 72
formatieren 87
Foto-Browser 251
Fotoeditor 187
Fotos anzeigen 185
Fotoübersicht 185
FP 219, 226, 228
FP-Modus 228
Full HD 173
Funkadaptereinstellungen 180

Funktionstaste 112, 168
FX 19, 32

G
Gerätesteuerung 89
Gitterlinien 105
Gitternetz 159
Google Mail 187
Google Plus 187
GPS 91
GPS-Empfänger 55
GPS-Modul 253

H
Handgriff 117
Hauptmenü 86
HD 173
HDMI-Kabel 89
HDR 137
HDR-Fotos 139
Helligkeit des Displays 160
Herbstfarben 71
High Dynamic Range 137
High Key 73
Histogramm 209
Hochgeschwindigkeitssynchronisation 227

I
Index-Ansicht 184
Individualfunktionen 97
Informationsanzeige 108, 159
Infrarotfilter 218
Infrarotsignal 219
Innenaufnahme 67
Inspektion / Reinigung 89
Integralmessung 207
Integriertes Blitzgerät 110
Intervallaufnahme 144
ISO-Anzeige 105
ISO-Automatik 83, 142, 143
ISO-Empfindlichkeit 142, 160

Index

ISO-Empfindlichkeitseinstellungen 143
ISO-Schrittweite 101
ISO-Testfotos 30
ISO-Wert 26
iTTL 219, 220
iTTL-BL 219, 222, 225
iTTL-Modus 220, 221, 228

J
JPEG 121, 126, 127
JPEG Fine 121
JPEG-Komprimierung 122
JPEG-Qualität 121

K
Kerzenlicht 71
Kinder 63
Klassische Aufnahmemodi 76
Komprimieren (verlustbehaftet) 122
Kontinuierlicher Autofokus 191
Konvertierungsmodul 252
kopieren 148
Kopiervorgang 250
Kunstlicht 233, 236

L
Landschaft 62, 245
Längste Verschlusszeit (Blitz) 110
LED-Videoleuchte 166
Leitzahl 216
Leuchtdauer 226, 228
Leuchtstofflampe 236
Lichter 147, 209
Lichtstimmung 234
Lichtstimmungen 233
Live View 158
Live-Vorschaubild 182
Livebild 182
Lock-On 97
Löschen 146

Low Key 73
Lowspeed-Bildrate 106

M
Mailprogamm 187
Makroaufnahmen 196
Manuell 81
Manuell belichten 210
Manuell experimentieren 82
Manuelle Fokussierung 192
Manueller Modus 81
Matrixmessung 203, 204, 206
Maximale Bildanzahl 106
Mehrfachbelichtung 144
Messfeld-LED 98
Messfeldgröße 101
Messfeldsteuerung 162, 190
MF 192
Microfaser-Reinigungstuch 57
Mikrofon 167
Miniatureffekt 155
Mittenbetonte Messung 203, 206
MMS 187
Monitorhelligkeit 88
Monochrom 152, 244, 247
Motivverfolgung 162
Movie Editor 254
Multifunktionshandgriff 56

N
Nachtaufnahme 66
Nachtporträt 66
Nahaufnahme (Makro) 64
NEF-(RAW-)Verarbeitung 153
Netzwerk 176
Neutral 243
Nummernspeicher 107

O
Objektivdaten 92
Offenblendmessung 202

Index

OK-Taste 112
Optionen für Akku/Batterie 179
Ordner 120
Ordnerliste 183

P

Perspektivkorrektur 155
Picasa 187
Picture Control 132, 242
Picture Styles 160
Porträt 62, 245
Porträt-AF 162
PRE 238
Priorität bei AF-C 97
Priorität bei AF-S 97
Programmautomatik 76
Programmmodus 223

Q

Qualität 167
Querformat 183

R

Rauschen 141
Rauschunterdrückung 30, 141
RAW 121, 126, 127
RAW und JPEG 130
RAW-Converter 128
RAW-Einstellungen 122
RAW-Kompression 123
Rear 229
Referenzbild (Staub) 89
Reichweite 216, 227
Reinigungsflüssigkeit 57
RGB-Histogramm 147
Rucksack 53

S

Scene-Modus 61
Scene-Programm 61
Schärfenachführung 97

Schatten 237
Schattenaufhellung 135
Schnappschüsse 196
Schnee 68
Schnelle Bearbeitung 154
Schnellübersichtshilfe 106
Schrittweite 213
Schulterstativ 163
Schultertasche 53
Scrollen bei Messfeldauswahl 99
SD-Kartenschächte 120
Selbstauslöser 103
Selektive Farbe 155
Sensorauflösung 20
Sensorreinigungssystem 88
SG-3IR 218
Sicherungsziel 250
Silhouette 72
Skalen spiegeln 116
Skype 187
Slow 229
Smartphone 183
Sonnenuntergang 68
Speicherkarten 22
Speicherort 168, 250, 252
Spiegelvorauslösung 108
Sport 64
Spotmessung 203, 207
Sprache 90
sRGB 133, 134, 135
SSID 180
Standard 242
Standby-Vorlaufzeit 103
Statische Motive 196
Stativkopf 55
Stereo-Mikrofon 165
Steuersignale 218
Strand 68

Index

Stroboskopblitz 218
Synchronzeit 228
Systemblitz 56
Systemblitze 218
Systemeinstellungen 87

T
Tageslicht 233
Tastenverhalten 116
Telekonverter 53
Tiefpassfilter 89
Tiere 70
Tonen 247
Tonsignal 104
TTL 202
TTL-Aufhellblitz 218
TTL-Blitzfotografie 220

U
U1 87
U2 87
Überbelichtung 213
Übersicht 147
Übertragen 183
Umbenennung 251
Unterbelichtung 213
User Settings 87

V
Verkleinern 154
Verlustfrei komprimieren 122
Verschluss 229
Verschlüsselung 181
Verschlussvorhang 226
Verschlusszeit 227, 229
Verzeichnungskorrektur 154

Video Rig 165
Videogröße 167
Videomenü 167
Videomonitor 163
Videostativ 164
Videostativkopf 164
Vierbeinstativ 54
ViewNX 2 250
Vignettierungskorrektur 140
Virtueller Horizont 92
Vollautomatik 60
Vollautomatik (Blitz aus) 61
Vorfokussieren 197
Vorhang 229

W
Wasserwaage 159
Weißabgleich 131, 160, 232, 239
Weißabgleichseinstellungen 235
Weißabgleichsfilter 54
Weitergeben 257
Wiedergabeansicht 146
Wiedergabeordner 146
WiFi Direct 186
WLAN-Einstellungen 178
WLAN-Funktion 177
WMAU 177
WU-1b 176, 177

Z
Zeitautomatik 78
Zeitrafferaufnahme 144
Zeitvorwahl 77, 223
Zeitzone und Datum 90
Zurücksetzen 120

PHOTOGRAPHIE MINI-ABO:
DREI FÜR ZWEI!

Lernen Sie uns kennen: Für nur 9,90 Euro schicken wir Ihnen drei Ausgaben ins Haus – und ein Willkommensgeschenk im Wert von 9,99 Euro! *

GRATIS!
Objektivschutz und cleverer Helfer beim Weißabgleich: Der walimex 2-in-1-Objektivdeckel mit Weißabgleich-Kalotte für perfekte Farben. Bitte Durchmesser (58, 62, 67 oder 72 mm) angeben.

* Solange der Vorrat reicht

SO BESTELLEN SIE: Tel. 030 – 611 05 333 8
Fax 030 – 611 05 333 9
photographie@interabo.de

58 mm: Bestellnummer PH2057-1
62 mm: Bestellnummer PH2057-2
67 mm: Bestellnummer PH2057-3
72 mm: Bestellnummer PH2057-4

www.photographie.de

* Entscheiden Sie sich nach Erhalt der dritten Ausgabe zum Weiterlesen, brauchen Sie nichts weiter tun. Sie erhalten dann PHOTOGRAPHIE für ein Jahr zum Preis von 45 € (inkl. Porto und Versand) direkt nach Hause geliefert. Andernfalls schicken Sie uns bitte 10 Tage nach Erhalt der dritten Ausgabe eine kurze Absage. Ein eventuelles Jahres-Abonnement können Sie jederzeit zum Ende des Bezugszeitraumes schriftlich kündigen. Dieses Angebot gilt nur innerhalb von Deutschland.